視野 起於前瞻，成於繼往知來

Find directions with a broader **VIEW**

寶鼎出版

BLAIR SINGER

頂尖銷售大師「富爸爸集團」顧問
布萊爾·辛格——著
王立天——譯

富爸爸教你打造冠軍團隊

TEAM CODE OF HONOR

THE SECRETS OF CHAMPIONS IN BUSINESS AND IN LIFE

〈說明〉

《富爸爸教你打造冠軍團隊》是提供讀者一般性的資訊。但每一州或每一國的法律與民情都不盡相同。由於每個人實際狀況不同，所謂專門的建議應該要能客製化，以便符合個人特殊的情形。基於這項理由，我們建議讀者尋找合適的專家進行諮詢，來滿足自己的需求。

本書的作者很謹慎並盡力準備書中所載列的內容，裡面的內容也符合寫書當時的現況。但是，作者或出版商對於書中的錯誤或疏漏都不須負起任何責任。也在此特別宣告，讀者自行運用書中內容後所產生的任何結果，都與作者和出版商無涉。本書所提供的內容並不能做為個人特殊情況的專業諮詢之用。

〈推薦序〉創業家們必須具備的四項商業技能

羅伯特・清崎（Robert Kiyosaki）

許多人都擁有價值百萬的好主意，但是他們沒有能力將自己的想法轉化成金錢；也有成千上萬的人夢想著要辭職、創業，但是他們的「老闆夢」終究只是幻想罷了——因為他們仍然選擇緊守著一份安定的工作。至於那些勇於採取行動、自行創業的人們，大部分都會很快地以失敗收場。根據統計顯示，有將近九成的新公司，會在甫成立的五年之內結束營業；而碩果僅存的一成當中，又有近九成的公司，撐不過第十個年頭。

這是為什麼？

很多專家說，人們之所以無法自行創業或創業後又失敗，都是基於以下兩個原因——缺乏資金以及缺乏商業技能。而在這兩個原因當中，我認為又以缺乏商業技能最為嚴重。換句話說，如果你擁有商業技能，你就能創造出金錢；但是，如果你空有資金但卻乏商業技能，這些資金也往往會很快地消耗殆盡。當「富爸爸」在訓練我成為創業家之時，他就經常跟我說：「創業家們必須擁有或學習四大商業技能。而這四項技能就是銷售、會計、投資以及領導力。」此外，他也說：「如果有創業家面臨困境，通常就是本身缺乏上述特質的其中一項，甚至數個重要的商業技能。」

我著作的書籍專門集中於兩種重要的商業技能——也就是會計和投資。我們大家都聽說過，那些創業失敗或者面臨財務困境的人們，要不是財務報表不確實，就是任意揮霍金錢或疏於（甚至沒有）將利潤進行轉投資。布萊爾．辛格（Blair Singer）是一位非常重要的「富爸爸」顧問，因為他專門教導創業家必備的商業技能：銷售、打造團隊以及領導力。他第一本「富爸爸」顧問叢書《富爸爸銷售狗：培訓 No.1 的銷售專家》，正是任何想要創業的人必讀的書籍之一。依我個人的觀點來看，在這四項技能當中，尤以「銷售」能力最重要。我見過無數擁有好主意的人們，但是他們就是無法賣出自己的觀點或產品；畢竟如果無法做到銷售，其他三項商業技巧其實也都用不著了——因為你根本不會有機會使用到它們。

布萊爾聞名於世的另一項關鍵技巧，就是打造團隊與培訓領導力等相關知識。「富爸爸」很高興我花了四年時間參加軍事學校，以及參與海軍陸戰隊六年的相關經驗，這些經驗使我從中學到許多有關領導方面的能力。創業家們之所以會失敗，其中一個理由就是他們欠缺打造團隊的能力，尤其是打造出一個能化腐朽為神奇，讓他們成功創業的商業團隊。

從《富爸爸教你打造冠軍團隊》這本書中，你將學會什麼叫做「榮譽典章」（Code of Honor）。根據我個人的看法，身為一個海軍陸戰隊長官兼飛行員，當時就是靠著「榮譽典章」，才能讓我和弟兄們鼓起勇氣凝聚成一個團隊，克服內心恐懼，完成一些看起來幾乎不可能達成的任務。直到今天，在我自己的事業之中，同樣也是藉著「榮譽典章」，做為我自己事業和財富的核心。具有領導及管理大眾的能力，是一種非常關鍵的商業技能。根據我個人的觀點，絕大多數中小企業之所以倒閉或無法成長，就是因為創業者無法打造出一個強而有力的事業隊伍，結果就是搞到自己精疲力竭、草草了事。我的「富爸爸」常說：「身為老闆最困難的工作，就是把人們組成一個團隊，然後指揮他們去達成你自己需要完成的事情。」他也曾說過：「做生意賺錢很容易，但是管理企業、駕御人才，卻是一項挑戰。」

希望你能藉由閱讀《富爸爸教你打造冠軍團隊》這本書，學習如何打造出一個上下一心、強而有力的商業團隊；並且隨著克服一波又一波的挑戰，使企業或自身日益壯大。

再者，換個角度來看：由於許多工作機會已經外移到中國、越南甚至印度等國，的確對全球經濟局勢產生了相當大的影響，就連歐美各國也無法阻擋這股趨勢。這個問題已經嚴重到迫使許多政客必須做出承諾，確保能夠創造出更多的就業機會，或是懲戒那些將工作機會不斷外移的企業。只是幸好，我們都知道政客們所做出的承諾，通常只是隨口說說罷了，一切皆不能當真。

我最近去了一趟中國，結果獲知中國本身的就業問題遠比西方來得嚴重。有人跟我說，中國每年有一千八百多萬高學歷的畢業生，陸續離開學校投入職場。印度、巴基斯坦、菲律賓以及許多其他各國也有著相同的難題。西方就業問題會持續不斷增加的原因，就是因為在這個世界上有成千上萬的人們，願意接受日薪僅有四塊美元（約新台幣一百三十元）的工作。加上交通、通訊以及科技等成本大幅降低，以往所謂的金飯碗、高薪階級和優渥的福利等，正在迅速地消失。而這是不管政客們做出什麼承諾，也都無法阻擋這一股世界發展的潮流。

直到今天，就算就業機會面臨全球化的競爭，莘莘學子們仍然需要每天上學，幻想自己畢業後能夠找一份安定的工作。可悲的是，沒有比這個更過時不過的想法。此外還有一個理由，將會更為突顯了《富爸爸教你打造冠軍團隊》這本書的重要性——也就是今日世界上需要更多的創業家，需要更多的老闆來創業，創造更多的就業機會，而非創造出更多「需要」工作的人們。

〈自序〉

因為有你，這個世界就會有所不同

布萊爾．辛格（Blair Singer）

我從小生長在美國俄亥俄州，看著父親經營著一家在我眼中非常龐大、占地約有五百多公頃的農場時，在我心中就一直存在著這樣的想法。協調上、下游廠商之間的合作、聘用臨時雇員、指揮員工、家人以及一大群動物等，都是領導力的一種極致表現；而這一切只需天氣稍微出現一些異常變化，就極有可能會毀於一旦。

身為一位橄欖球迷，以及俄亥俄州立大學橄欖球校隊總教頭海斯（Woodrow Wayne Hayes）旗下的總經理，我從中學到了很多有關領導和鞭策偉大球隊的一些方法與經驗。管理橄欖球隊的那段時間，從中獲得的經驗，對我整個人生產生很大的啟發。這些年來，我非常幸運地能夠和偉大的教練、球隊以及非常具有影響力的組織一起共事。

在此要特別感謝富勒博士（Buckminster Fuller），他為我指出了「為什麼」自己會做這些事情的理由。也要感謝我的家人和祖父母，因為他們以身作則，為我完美地示範了什麼叫做「榮譽典章」。在此也一併感謝我的父母，因為他們自身不僅對這個主題充滿熱忱，並將絕大部分的人生投注其中。

感謝我深愛的另一半，因為是她教導了我什麼是「信任」的真諦。感謝我的摯友羅伯特·清崎（Robert Kiyosaki），一直鞭策、鼓勵我成為自己理想中的自己。感謝金·清崎（Kim Kiyosaki），這一位非常具有本事和競爭力的朋友兼夥伴。還有整個「富爸爸」團隊——這是我一生中所見過最偉大的商業團隊，我深感驕傲的是自己也能成為其中一份子。感謝我高中越野賽跑的教練李·桑瑪（Lee Somers），他讓我在人生中首次嚐到領導他人、堅忍不拔以及遭逢磨練的滋味。還有我以前任職於航空運輸公司之時的倉管同事，他們向我展現了如何在最艱困的時候，仍然繼續堅守「榮譽典章」的美德；並且如何藉由愛、工作和紀律來創造奇蹟。

最重要的：

本書中的智慧是無遠弗屆的，因為所有內容都並非由我自己發明。這些心血來自於偉大的公司、國家、家庭以及人們。至於書中所有發人深省的內容，我也要歸功於那些，為了讓人類擁有更美好生活而奉獻生命、財富和精神的先人榜樣們。此外，我也要感謝那些在日常生活中，採用自己的方式來領導大眾的人們。

謹將本書獻給那些曾經犯錯，但勇於承擔的人們；或是那些失敗後又再一次爬起、重新努力的人們；任何曾經鼓起勇氣，興奮地舉手加入團隊的小朋友；以及那些曾經投身團隊，或許曾經無法出頭但到後來仍然找到自己一片天的人們。我也要鄭重地將本書獻給我的兩個兒子：如果我們夫妻倆能協助他們發掘自己的天賦並且善加運用，我深信他們一定能影響成千上萬的人們。

最後這本書也要獻給每一位讀者——因為你的所做所為，都能在這個世界上產生相當的影響。

目錄

前言

何謂「榮譽典章」？

西元二〇〇三年一月三號，俄亥俄州立大學橄欖球校隊「七葉樹」隊對上了邁阿密「颶風」隊，預計要在「假日盃」大賽中一決勝負，看看誰才是新的國家冠軍隊。這場賽事後來根據球評們的看法，可說是大學橄欖球史上最精彩的一場賽事。儘管這個引言故事是關於兩支特定足球隊的故事，但也可以是任何兩支運動隊伍的故事。可以是波士頓紅襪隊在二〇〇四年美國聯盟冠軍賽第四戰中的第九局，當時他們已經連敗三場給紐約洋基隊，卻展開史無前例的大反攻，最後在總冠軍系列賽中打敗洋基隊，並進一步贏得世界大賽冠軍。

也可以是一九八三年參加美國杯帆船賽的澳洲隊伍，在七戰四勝的賽事中以一比三落敗之姿絕地大反攻，以四十二秒的差距，在六天的賽程中，擊敗了從未落敗的美國隊。

也可以是一群由業餘曲棍球選手組成的美國奧運國家代表隊，在一九八〇年冬季奧運擊敗極具天賦的世界冠軍蘇聯隊，並在最終取得金牌。

也可以是蘋果公司的設計和行銷團隊，一九九七年他們在瀕臨破產邊緣捲土重來，由史蒂夫·賈伯斯掌舵，成為近代史上最成功的一次企業東山再起。

也可以是你和你的事業團隊踏入新的業務領域……你的家庭在艱困的景氣中面對挑戰……

如同我前面所說的，身為當時的觀眾之一，同時也是俄亥俄州校隊的前經理，我也情不自禁的處於極度興奮的狀態之中。但是，除了比賽本身之外，這裡頭也隱含了極大的教訓。如你所見，在上述賽事中所有贏家都有個共通點。

接下來就請容我從頭詳述當時的情形：

兩支強大的球隊在球場上碰頭，雙方劍拔弩張；球評們早已宣布他們所預測的結果，多數觀眾均屏息以待……這幾週以來，球迷們都已知道本季球賽最後一定是由這兩支超強隊伍一決勝負，雙方球員的才華也著實令人讚賞不已。他們所採用的戰略、戰術和比賽計畫雖然單純，但是卻也相當具有殺傷力。

從比賽一開始，每位球員似乎都充分發揮了他們最佳的潛能。兩隊都曾發生失誤，但尚未嚴重到可以左右比賽的勝負。而比賽時間雖然隨著每次的進攻逐漸流逝，但群眾興奮的情緒卻反倒是愈來愈顯高漲。比賽進行到後來，球員們似乎已經忘了自身的疲勞，沒有任何人感到驚慌失措或是破壞陣形。多年來的訓練、紀律和注意力，完完全全地在比賽最後幾分鐘充分地展現了出來。而賽情演變至此，到底是哪一隊會取得勝利？是大家一致看好的衛冕隊？還是名不見經傳的挑戰者？

到了最後，兩隊居然又再度戰成平手，比賽被迫進行延長賽；緊接著雙方又再次得分，延長賽持續進行，觀賽群眾的情緒根本就是沸騰到極點。這兩支從未嚐過敗績的隊伍，看似在老天爺奇妙的安排之下，非得在這場比賽中分出勝負。身為這場比賽的旁觀者，我不禁開始微笑了起來；因為只要比賽進行得愈久，我就更加確信比賽結果會是如何！至於為什麼？這則是憑藉著我多年來與傑出團隊共事的經驗，我從中發覺到，不論是運動、事業和家庭當中，偉大優秀的團隊們多半都有著共同的特質——就是他們所擁有的祕密武器。

我在此講的不是戰略、不是計畫也不是科技，更不是什麼妙招或是老法新用，而且絕對不是運氣！我所說的這樣東西，深深隱藏在那些傑出組織們的基因之中；它是這麼深刻地內化在運動員的心中，幾乎已到了讓人意識不到它們存在的地步。但是即便如此，任何人也都無法忽略，它確實是存在著……

在面臨高度壓力、巨大輸贏、背水一戰的時候，它多半就會彰顯出來。當家庭面臨危機的時候也看得到它，當公司的現金吃緊時，也能找得到它的影子；任何人只要面臨試煉或是成敗關頭之時，它就肯定會冒出頭來。

這就是「榮譽典章」

在進行第二次延長賽的最後幾分鐘，從未嚐過敗績的衛冕隊——邁阿密「颶風」隊，已經順利進攻到底線前十碼處，而且還擁有四次進攻達陣的機會。反觀俄亥俄州「七葉樹」隊，則在一路苦苦追趕分數的壓力下，面臨當今實力最堅強的一支大學橄欖球隊伍的進攻。大家都在看著：兩支實力皆無與倫比的球隊，到底誰會堅持到最後，順利勝出？奇蹟般地，俄亥俄州立大學「七葉樹」隊，成功阻止了邁阿密「颶風」隊每次的進攻。全場觀眾簡直是不敢相信自己的眼睛，所發出的歡呼聲直可說是震耳欲聾；當一切塵埃落定，俄亥俄州「七葉樹」隊一路奮鬥到底，終於獲勝，並且一躍成為新的國家總冠軍隊。

這是運氣？是天賦異稟？還是戰略的關係？那些不被看好的運動隊伍，在各種不利的條件之下居然還能勝出，這種結果一直刺激著我無比的好奇心。對於那些沒有什麼才華，沒有家庭背景卻依舊能致富的人，我也一樣始終百思不得其解。那些名不見經傳，不斷地在掙扎、奮鬥的企業，又是如何一飛沖天地獲得成功？

在此我發現了一個因素：在適當的壓力之下，總是能讓家人之間更加團結；而這也是所有優秀隊伍共同擁有的手段——那就是「榮譽典章」。

「榮譽典章」是由一些簡易，深具影響力的規則所構成，用來規範整個團隊、組織、家庭、個人甚至國家的內在行為。這些規則決定了我們在團體之中要如何相互對待，而這就是所謂的「心」或「精神」。人們會願意用生命捍衛它，也會自願承擔起難以承受的責任，就只單純地為了它——「榮譽典章」。

這些規則舉例來說就像是：「絕對不拋棄需要幫助的夥伴」；或者：「對自己所犯的錯誤，要負起完全的責任」。我在這裡所講的並非一般人所想的規定，因為很多機關團體都擁有專屬於自己的一些規定；我講的是一個團體所擁有、堅定不移、堅持貫徹的紀律。這些紀律無須依賴老闆、教練、執法人員、父母親或是神父們來執行，而是藉由整個團隊上下一心、相互扶持，一起擁護並且遵循這些典章的精神。藉由不斷地重複練習，以及各種演練的潛移默化，一切早已深植於所有球員心中。而「榮譽典章」就是藉此產生信任、凝聚力以及活力的主因。

當你把自己的事業、家庭或組織打造成一流團隊之時，好的團隊與優秀的團隊之間，其實就會存在著極大的差異性。每當承受極大壓力，或是必須面對看似不可能完成的任務時，優秀團隊往往就會展現出魔法般的奇蹟，而這個魔法就是來自於「榮譽典章」。它瀰漫於整個團隊的每次聲明、行動甚至是心跳之中。自己到底是什麼樣的人物？擁有什麼樣的主張？一切都會藉此清楚顯現出來。

總而言之，「榮譽典章」又比價值觀更深入一些，它就是你自己價值觀的具體展現；你可藉由典章中的規則，來確定自己為人和表現的基準。

好消息是：你可以親自替自己或團隊建立這一套典章，這也是「富爸爸」之所以能打造傑出商業團隊的祕密。無論你身在何處、從事什麼事情、它一定和你形影不

團隊提示◆如果沒有訂定明確的規則，大家就會依自己的方便行事。

離。這時，如果你知道如何建立、維持並保護它，無論你的目標是財富、健康甚至是愛情，你皆會吸引到最優秀的人才，更將會一次又一次地品嚐到冠軍隊伍所獲得的勝利果實。

羅伯特・清崎曾在其著作《富爸爸，有錢有理》中，用了相當大的篇幅解釋了「B—企業象限」、「E—員工象限」或「S—自由工作者象限」的人們，在態度、心態和行為上的差異，也就是說，商場上最重要的能力，其實就是「銷售」的能力。在我的另一本著作《富爸爸銷售狗：培訓 No.1 的銷售專家》中，我曾一再澄清為自身利益進行談判、溝通時，所可能遭遇到的各方面障礙。不論你從事的工作是否具備業務性質，任何人在自己的人生各階段中，肯定都在持續從事「銷售」的活動——而這就是「富爸爸」最重視的商業技能。

和銷售能力一樣重要，也是自由工作者和企業主最大的不同之處，就是打造優秀團隊的能力。身為一個執業者、服務勞動者、老闆兼打雜、出賣時間換取金錢的人等等，就算工作再辛苦，個人所能產生的影響力一樣有限。而那些從本書中發掘出祕訣的人們，一旦學會如何找對人並且將他們留在身邊，同時確保這些人的步調一致，往往就能迅速地將自己躍升至B象限的財富之中。打造團隊的過程並非「快樂兒童營」，大多數的人也多半未曾接受過這樣的訓練。對於部分特定人物來說，這或許並不困難；但是對於其他大多數人來講，這卻是一個考驗自身能力、挑戰自己在別人眼中的世俗看法，以及需要徹底了解「榮譽典章」的方向。這並非一門艱深的學問，但是一定會面臨到意志力的考驗。這本書將會逐步帶領你走完這個過程，讓你獲得隨時隨地能夠創造出勝利果實的能力。

俄亥俄州立大學「七葉樹」隊，確實是從一個偉大的球隊手中贏得了勝利；但是仔細研究兩隊的差異，你將可發現在雙方面對挑戰時，結果早已曝露出來……就是靠著一套他們很久以前就訂下並遵守的規則，決定了他們在比賽當天的表現。獲勝的隊伍所訂下的規則，讓他們在自己心中逐漸注入自信、紀律和魔力；因此在面臨強大壓力時，可以使其更為冷靜、注意力亦將更顯集中，因此獲得了前所未有的空前勝利。不論他們是否都清楚了解原因，其實兩隊均各自有著專屬於自己的一套規則。只不過在所謂的「榮譽典章」裡頭，雙方所訂下的規則，其實是有著很大的差異性存在。而在接下來的章節中，你將學會如何找出這其中的差異並且加以修正。

所有冠軍隊伍接受採訪時，無論他們來自哪個國家、從事哪種運動、使用哪種語言，當被問到鼓舞他們獲勝的動機，所有教練或球員都回答了相似的感言。他們的回答很一致：「我之所以全力以赴都是為了他人，為了成全自己的隊友們。」也就是說，他們的努力不是為了讓自己一戰成名，也絕非為了打敗對手；他們重視的是隊友之間的相互扶持，而這種精神必定來自於非常特別的「榮譽典章」！

澳洲隊的船長約翰．伯特南（John Bertrand）說得好。他說：「美國隊是由許多冠軍所組成的隊伍，而我們則是一支冠軍般的隊伍。」他們擁有威力強大的「榮譽典章」以及一套規則，而其中的內容則與美國隊的典章內容大相逕庭。

當你讀完這本書，你就會知道這些團隊是如何通力合作、齊心協力的實現目標。這本書要獻給你和你生命中一直渴望，並且應該擁有的冠軍隊伍；你自己本身就值得擁有快樂、財富，身邊也應該環繞著優秀的隊員，與你一起分享遠景和精神。

「榮譽典章」為何如此重要？

我始終持續不斷地在全球各地演說，也曾與數千個團隊、數萬人共事過；藉由提升他們的銷售能力，打造出一支必勝團隊來增加收入。幾乎所有的人都想要獲得所謂的「仙丹妙藥」，也就是如何才能夠吸引最傑出的人才，並讓自己的團隊產出最佳的績效。即便是平凡如父母們，也期望真有什麼樣的靈丹妙藥，可以拿來好好管教自己的小孩，並且妥善處理所有的家務事。

坊間有關團隊凝聚、顛峰潛能、管教兒女和成功發財的書籍，簡直可用「汗牛充棟」來形容，而在大部分的書籍中，卻都有著相似的原則和教誨，只是它們幾乎都忽略了這個威力強大的元素。說穿了「榮譽典章」的觀念並非一個全新發現，它存在已久，如同世上許多事物一般，我們習慣將它視為理所當然，直到問題爆發出來為止。

一九九〇年代，幾乎人人都在學習如何致富。當時的你如果投資在網際網路這個產業中，肯定會被認為是個天才。但是到了二〇〇一年春，我們開始重新認真檢視自己對於工作和人生的觀點——因為全球發生網路產業泡沫化、股市崩跌，我們每個人

團隊提示◆發展榮譽典章的過程中會讓大家有所擔當，並能感受到別人的支持；同時也是把自己的理念，或團隊的精神展現給外人看的最佳方式。

都可說挨了一記悶棍。企業主和一般民眾開始重新調整自己投資和消費的優先順序。面對績效的壓力，有些公司或個人甚至採用另類或具有爭議性的手段來修飾自己的財務報表，希望能繼續獲得投資基金的青睞……緊接著美國「九一一事件」來襲，我們每個人的肚皮狠狠地挨了一記重拳。記憶中規模最大、最驚人的恐怖攻擊活動，就這麼活生生地在大家眼前上映，並且不斷地被媒體輪番播放。基於那一天的可怕事件，我們對於人生、處理事物輕重緩急的看法，相信又會興起更大的一番變化。

直到那永難忘懷的早上之前，相信我們一定始終認為自己是無敵的，認為沒有人能夠撼動我們，但是事實證明我們錯了。那天早上許多人瞬間理解到沒有所謂的安全保障這一回事，就連自己的辦公室、我們的政府、我們的飛機，甚至是我們的郵政體系都無法倖免。這些事情迫使我們必須嚴肅面對自己，體認到底什麼才是生命中最重要的事情。因為自己很有可能看不到明天的太陽了。我們不再光想著要賺多少錢，而是試著去反省，哪些人才是自己生命中最重要的，並且開始衡量什麼才是自己真正想要的。

再者，大型企業的經營醜聞一樁接著一樁地爆發，迫使我們對原本上班的公司以及投資對象失去信任。例如恩隆（Enron）、世界通信（WorldCom）甚至受人景仰的安侯建業（Arthur Anderson）等，這類令人起疑、營運方式不正常的公司也在不斷增加。這些現狀不禁讓人深思：「他們的『榮譽典章』到哪裡去了？」雖然難以相信，但是我們內心很清楚的知道，「榮譽典章」要不是已經蕩然無存，就是無人在貫徹執行；更甚者，他們原本擁有的就不是「榮譽」典章，而是「詐欺」的典章。

團隊提示◆成功者所擁有的「榮譽典章」非常簡單明瞭，完全沒有商量的餘地。

我想表達的重點是：如果沒有訂定明確的規則，大家就會依自己的方便行事。那些差異就有可能在激戰中釀成大禍，特別是面臨極大壓力或大家混淆不清的時候，情況尤其明顯。那些成功者所擁有的「榮譽典章」其實非常簡單明瞭，甚至可說是完全沒有商量的餘地，也不具有多重解釋的方式。它是由一系列具有威力的規則所構成，完全被周遭人們所擁戴，也是讓他們能夠成就自己的重要因素之一。但是，空有一套「榮譽典章」還是不夠，如果團隊夥伴不清楚這些規則，或是大家對規則的解釋不盡相同，這支隊伍仍然無法勝出。總而言之，所有團隊成員必須都要清楚了解典章，並且做到完全承諾與敬奉。

所有隊伍的靈魂就是「榮譽典章」，舉例來說：「準時出席」、「不斷練習」、「必定出勤」、「參加訓練課程」、「致力於個人成長」以及「絕對不拋棄有需要幫助的夥伴」等等，這些規則不但能確保成功，也會讓整個競賽過程充滿意義。「兩肋插刀」的人際關係並非單靠運氣就能成事；這些人通常都是對某些特定規則有著共識，才有辦法凝聚在一起。

「榮譽典章」是所有文化或組織的基礎，因為它就是思想、理念和主義的具體呈現。人們總是喜歡說要在組織中建立起文化，我曾經協助許多組織規模龐大的客戶創造、復興文化，甚至改變其所倡議的內容。嚴格說來，整個文化的核心，就是建立、復甦、傳播並且示範文化的重要工具，而這就是「榮譽典章」。

在發展「榮譽典章」的過程中，會讓大家開始有所擔當，並且感受到旁人的支持；同時也是把自己的理念或團隊的精神，充分展現給外人看的最佳方式——藉此清楚規範自己以及自己的目標，而「榮譽典章」正是扮演著如此重要的角色。

因此，你要如何建立一套能讓事業、家庭、社團等所有夥伴都會樂於遵從的「榮譽典章」？我們接下來要看的內容，就是用來探索這一個領域的。

團隊練習

1. 跟團隊夥伴研討在一些運動或商業之中，競爭激烈或反敗為勝的典範。在不涉及「天賦、才華」這個領域上，討論勝負關鍵究竟是什麼？

2. 列舉一些有明訂規則，但是卻未確實遵守的組織。並讓團隊成員各自發表對這些組織的看法。

第一章
你為什麼需要「榮譽典章」？

如果沒有制訂明確的規則，大家就會依自己的方便行事。因此一些在財務、事業甚至親密關係上所產生的巨大衝突，追究其原因往往只是一些善良的人們，單純地各自依照不同的規則行事，所造成的衝突罷了。基於相同的理由，奇蹟般的結果也是因為「交心」的人們，藉著無形的凝聚力來達成無與倫比的成就。

根據自身的經驗和立場，每個人都會形成專屬於自己的一套原則、規則以及先入為主的觀念，這其實是再自然不過的事情。但是，一旦我們開始要和旁人、組織或文化結合之時，有時我們總會想不透，為什麼「這些傢伙」就是搞不懂？或是他們怎麼可以這樣公然地無視於我們的感受？無視於我們行事的方式和規矩？而在大多數的情形之下，「那些傢伙」對我們多半也是抱持著同樣的感覺。至於為什麼會這樣？則是因為我們總是習慣預先設想，認為雙方的互動會秉持著相同的基本規則而行，但是其實這種設想根本不正確。本書的目的之一，就是揭露並消弭發生財務損失、挫折感和心碎的主因。也就是讓自己周遭的人們，都能共同服膺一套規則並且一起建立這樣的規則，如此一來，你就能確保自己所做的事情，都能擁有顛峰的績效、愉快的心情和絕佳的成果。

這十幾年來，我一直積極地研究團隊，檢視到底是哪些因素能讓他們獲得成功？以及如何讓績效始終維持在顛峰狀態？經過這麼多年的研究，我現在終於能夠告訴你：「想要在任何的生活領域之中，成功地打造出一個必勝的團隊，只有依靠『榮譽典章』才能辦到。」

無論是在自己的事業、社群、家庭甚至於自己本身，想要建立親密良好的關係，都必須要有著行為上的規則和標準，才能達到自己終極的目標。「榮譽典章」就是團隊價值的具體表現，並且藉由行動充分展現。此外，光是具有價值是不夠的，因為我們每個人都有自己的價值觀；知道如何利用實際行動來展現這些價值，才是最關鍵的所在。

在此容我說明一下自己想要表達的意思。當我在俄亥俄州唸高中的時候，我曾是學校越野田徑隊的一員。傳統上，任何居住在俄亥俄州的男性，多半都會參加橄欖球隊，但是如果你看過我的身材，你就會了解就算我再怎麼熱愛橄欖球，也經不起面對重達九十公斤的後衛連番衝撞，因此越野田徑才是比較適合我的一項運動。很多人不清楚越野田徑的比賽方式，一般來說，每場比賽都會有幾支隊伍參賽，每支隊伍大約

團隊提示◆如何避免團隊中發生不愉快、衝突和不和諧，其實最簡單、容易的方法，就是花一點時間來確定所有人都遵循同樣一套規則行事。

會有五到七名跑者同時在場上競技。若想在比賽中獲勝，所有隊員都必須居於領先地位，並在最短的時間內一起跨越終點線才行。換句話說，就算是隊上有位超級明星率先到達終點，但同隊其他跑者卻是零散分布在選手群之中，這樣依舊是沒有獲勝的希望。越野田徑是一項追求低分數的運動，意思就是說第一名可以獲得一分，第二名可獲得兩分……以此類推。所以最理想的狀況就是要讓全體儘可能地跑在所有選手的最前面，這樣一來，自己的隊伍就會得到最低的總分。舉例來說，如果我們的四位選手能夠跑出第四、第六、第七和第九名的成績，這樣依然可以打敗跑出第一、第二、第十二和第十八名的隊伍。

因此在整整兩英里半的比賽當中，我們會上氣不接下氣地藉由喊聲來互相鞭策、鼓勵、威嚇並支持隊友。當肌肉痠痛、體力不斷流失之時，這種比賽將會變得更像是一場意志力的競賽，而非單純的只靠運動細胞支撐而已。無論是在場上還是平日，我們會不斷地鞭策隊友；如果有人開始懈怠、落後，其他隊員會很快地出面提醒他。這項競技幾乎需要全體隊員竭盡全力，才有辦法獲勝。只要能讓全體隊員迅速通過終點，大家幾乎用盡所有辦法；換句話說，「竭盡所能支持隊友獲勝」這句話，就會在我們的「榮譽典章」之中出現。

我們幾乎包辦了所有越野田徑賽的冠軍，就算沒有獲得冠軍，也必定還是排名前幾位的隊伍；而且在我們隊上，幾乎沒有任何超級運動明星出現。也就是說，我們是一支冠軍般的隊伍，這是我人生中第一次紮實地在肉體和精神上，清楚體驗到什麼叫做「團隊」。但是我從中所學到的經驗，直到今日卻都還在應用中。我一直和那些不斷鞭策我，同時也願意讓我鞭策的人為伍；這對我們雙方來說，都非常有益處。如此一來的結果，就是我始終蒙受上天眷顧，人生充滿了超乎想像的友誼、成功和財富。我也觀察到，當人們處於壓力，或者利害關係極大的情況下，他們往往就會有所蛻變。我從未見過不需面對龐大壓力，就能凝聚成堅強團隊的例子。所謂壓力可能來自於競爭，或是其他外來因素，甚至可以是自己給自己的壓力。當時我們很清楚在越野競賽中，每位選手、每一秒鐘、每跨出去一個步伐，處處都攸關著本隊的勝負，而透過這層共識，讓我們更加緊密地團結在一起。我們也了解團隊的成功，遠遠優於個人自己的目標；沒有人願意讓隊友失望，獲得勝利的渴望也在嚴厲地驅動著我們。我們的典章正好說明：無論如何，大家一定要團結在一起，在那些真正緊要的關鍵時刻，大家團結一致，竭盡所能地攫取最終勝利。

但是，一旦外在壓力升高時，個人的內在情緒經常也會隨之高漲；每當發生這種狀況時，人的智力就會有往下降低的傾向。處於壓力之下的人們，就會開始依照原始本能行事，也會赤裸裸地展現出自己的本性。這時，通常會有很難看的事情發生。請大家試想一下：你是否曾經在壓力之下說出一些話，結果沒幾分鐘後就後悔不已？大家都一樣，是吧？這就是我時時在說的「情緒高漲、智力就低」的情況。我曾經見過在平日合作無間的團隊，一旦發生事情不順利的時候，他們多半會立即回歸「自掃門前雪」的狀態。只要一旦發生危機，所有人多半只顧自己逃命，那是因為沒有一套規

團隊提示◆只要願意服膺「榮譽典章」，它就能激發出個人最佳的一面。

則來幫助他們渡過難關。因此，導致他們逐漸習慣在情緒高漲時匆促做決定，而這些決定，卻通常無法顧及全體的最佳利益。

舉例來說，幾乎有一半的婚姻都會以離婚收場。當生活處於壓力之下時，人們很難進行有效的溝通，更遑論存在榮譽典章或是行為規則的共識，來維持雙方的關係；商業夥伴發生爭執也是同樣的道理，這就是因為缺乏共同遵守的規定或指導方針。以上兩種情況有時會變得很醜陋，這並非是人們彼此之間不願溝通所造成的差異。問題是出在雙方沒有事先講好規則與期望，導致人們在情緒激動時，往往就會改為依照本能行事——每個人依照自己當時的情緒，各自做著自己認為最有利的事；而人們在這種狀態下，確實很難能夠做出妥善的決定。

我也知道，你從來沒有面臨過任何壓力，對吧？

相信每個人當然都有體會到壓力的時刻。每當你情緒激動、面臨期限壓力，或者對家人、工作同仁發脾氣的時候，這時你將很清楚地知道，嘗試和對方進行溝通、談判，幾乎是不可能的事。只是為什麼會這樣？因為當時的狀態完全不對勁嘛！而這就是你之所以需要「榮譽典章」的原因。因為你必須在正常、冷靜的狀態下建立團隊的行事規則，並且告訴所有人在發生狀況時，究竟該如何應對？唯有如此，當面臨高度緊張和壓力之時，人們才會藉由規則而非自己的情緒，來引導自己做出正確的行為。請你務必相信，「榮譽典章」並不是在發生狀況時，才會被拿出來說說的行動綱領。這些規則一旦被打破，就必須被立即「指正」才對。

「榮譽典章」的嚴格程度，取決於團隊的需要、任務和挑戰。海軍陸戰隊的「榮譽典章」可讓士兵們在戰事中更加團結。在槍林彈雨之下，邏輯推理和團體行動，有時甚至比生死還要重要。不斷重複典章和它的規則，可把團隊訓練、定型成為一個合作無間、彼此互相信任的團隊，而非一個為了自身安危而四散逃命的烏合之眾。

擁有一套「榮譽典章」無法保證團隊整體會百分之百處於快樂之中，有時甚至還會遇到棘手的狀況。例如「榮譽典章」有時會產生不愉快、對立的情形，甚至讓個人變成眾矢之的。但就最終的結果來說，它具有保護隊員的作用，得以讓大家免於被傷害、忽視以及做出違背倫理道德的事情。只要願意服膺「榮譽典章」，它就能激發出團隊全體最佳的一面。

你絕對不要以為，人們都懂得採用「榮譽典章」這一套觀念。它並非是自然而然憑直覺而產生的共識。這是必須透過別人身上學習而來的規範與觀念——來自父母親、教練、領袖或是朋友，必須要有人「做」給你看；而且必須要能獲得周遭所有人的認同，才會有效。所有的人際關係都一樣，無論是自己的事業、家庭甚至是與自己相處——只要是想從中獲得快樂和成功的關係，多半都適用。

美國有近五成的國民生產毛額，都是由小型企業所產生；而在這些小型企業中，又幾乎有一半以上都只是一人公司的規模，或是在家工作者自己所組成。我之所以在這裡分享這個資訊，只是為了強調一個重點：單一個人所擁有的影響力，遠比你自認為的還要大上許多倍。你怎樣經營自己的事業，絕對會影響到許多人的生活。

團隊提示◆「榮譽典章」是自己內心的投射，並且會吸引追求同樣標準的人們加入。

你自己的名聲、收入和壽命，都由內心和外在行為的一致性來決定。這個國家的未來，也完全掌握在那些負起經濟、市場、企業和家庭責任等人的手中，而那個人就是你自己！你可能認為自己很渺小，但是你絕對不能懷疑自己影響別人的能力。你的「榮譽典章」就是自己本身內心的投射，而且還會吸引到嚮往同樣標準的人們加入；你怎麼經營自己的企業，遠比你所能提供的服務，更能對他人產生莫大的影響。

請你現在務必下定決心，要替自己還有所處的每一個團體，建立一套「榮譽典章」。只是你的理念是什麼？你想對這個世界展現怎麼樣的一種典章？你的團隊凝聚力，又到底有多堅強？你希望自己的生活有多快樂？

我在此所能幫助你的，就是給你步驟、鼓勵和竅門，幫助你打造一個傑出團隊，藉此為你自己和團隊所接觸的人們，創造出你們與生俱來、本所應得的財富、滿足和快樂。因此在接下來的一章中，就讓我們談談在你的團隊中，到底擁有哪一些人。

團隊練習

1. 互相討論一下，自己曾經參與過哪些傑出的團隊？當時的情況如何？團體中有著什麼樣的規矩？自己當時的感受是如何？
2. 如果自己的事業也擁有一套「榮譽典章」，這將會帶來什麼樣的好處？而自己的財務、健康與家庭各方面，如果也都各自擁有一套「榮譽典章」，這將會有什麼好處？

第二章 與你為伍的人，決定你的財富與成功

如果一開始就擁有優秀的成員，想要打造出一個合作無間的單位，一切會更加事半功倍。無論是事業、非營利組織、俱樂部、下線組織、社區團體、政府部門甚至家庭等都一樣。不能光看他們的才華和熱忱，還要視他們願意遵從「榮譽典章」的意願，才能找出最優秀、傑出的成員。

事實上，對於自己團隊內的成員，我們有時並無任何選擇的權利。但是，設計一套「榮譽典章」卻能讓那些尚未加入的人們，決定這個團隊是否適合他們。至於那些已經加入團隊的成員們，典章也可以讓他們決定，自己究竟想不想繼續留任。

我知道這聽起來有一點殘忍，但是你必須下定決心。你的一切努力只是想要生活過得去、不被人討厭，還是你想真正獲得勝利？我這樣說吧！就算我想要加入費城「老鷹」職業橄欖球隊，但有可能嗎？畢竟凡事一廂情願肯定是不夠的！故而我必須

回頭想想：我有為這支球隊效命的本事與天賦嗎？答案是沒有！

將一群擁有共同目標的人擺在一起，不一定能形成傑出的隊伍。這一群人必須互相承諾、共同致力於一個大家認同的目標，也了解在這個過程當中，自己的長處與能力，將會一再地面臨試煉，並且被迫發展到極致。每個人都願意為了團隊的最大利益而放下個人偏見，並且願意遵從一套有可能會讓他們被檢視、被糾正，甚至是被批評的規則。團隊並非一直都過得很快樂，有時會是一團糟、充滿情緒，甚至讓人感覺非常不愉快。但是一支傑出的隊伍所能達到的成就，往往能夠帶來超越這一切的快感——一支炙手可熱的隊伍所擁有的力量、隊友彼此之間的信任和充滿自信的程度，這是千軍萬馬都擋不住的力量。而真正的團隊，其實有著非常清楚的優先順序：

◆使命第一

◆團隊第二

◆個人第三

這十五年來，在與我共事過的組織當中，我曾發現其中許多優先順序，剛好與上述的內容完全相反。我發現很多人都想先知道：「我會有什麼好處？」如果他們確定可以獲得這些好處後，那麼在不損及自己的時間、金錢或努力之下，他們或許願意幫助團隊當中其他的成員。這些都滿足了之後，他們才會支持原來的使命。

很不幸的，這就是為什麼有這麼多的團隊仍然在平庸之中掙扎的原因。那是因為不管他們嘴巴說什麼（任何人都可以編出一套美麗的說辭！），使命永遠被拋在腦後。結果就是個人利害主導一切，而領導者、老闆或創業家們便得獨自奮戰，並且期待自己能夠幸運地獲得他人偶然的幫助。以目前的現實社會來說，多數人都不相信「只要致力達成使命，其他周遭事物都會一併水到渠成」的論點。

以上這些狀況，不算是擁有團隊。

以「富爸爸」的團隊來說，「提升全人類的財務狀況」這個使命為團隊的第一要務，要不然你不能繼續待在團隊之中。你必須每週七天，每天二十四小時隨時響應使命和團隊，並將自己的時間、金錢和顧慮擺在一旁。你猜猜看，這麼做的結果會是如何？在這種情況下，每位隊友都獲得了空前的勝利。而先前所提到的團隊範例中，那樣的行為只會衍生出一大堆藉口，反而幾乎不會產生任何實質的結果。

我再介紹一個例子：我在加州曾經擁有一家專門和航空業者配合的地面運輸公司，員工們每天二十四小時不停地輪班工作。我們每天替貨櫃車裝載貨物，其實是有著一定的時限——如果清晨三點鐘之前無法裝櫃完畢、準備出發，那我們就沒有辦法將貨物準時送達美國東岸地區。有幾次，我們白天收到的貨物，數量多到嚴重拖累晚班裝櫃的進度。直到晚上十一點左右，大家已經很清楚知道無法在規定時間內完成所有的工作。因此以一個真正團隊的作風，晚班主管開始打電話，把已經辛苦工作了一天的白天同仁，全部叫回來公司幫忙。

這時，沒有任何人抱怨。工作流程改為由白天班的同事幫忙處理所有的文件和行政作業，而讓晚班同仁全力集中裝櫃，以便準時發車。結果，就在清晨兩點四十五分的時候，所有的貨櫃車終於裝櫃完畢，順利出發，任務圓滿達成。所有的同仁相互擊掌，有些甚至一起去吃早餐，其餘的人則回家補眠、睡覺。這種狀況雖說並非經常發生，但是每次都會讓所有的人充滿自豪和成就感。沒有任何人要求加班費、補假或是特殊待遇。而這就是我之前所強調的——「使命第一，團隊第二，個人第三。」至於為什麼會這樣？是因為我們的「榮譽典章」中有一條曾說：「絕對不可以拋棄需要幫助的夥伴！」也因著這一條規則，公司上下沒有任何人會覺得自己孤獨無靠，當然也就不會有人將隊友棄於不顧。

以當時的情形為例，公司的使命就是要把貨櫃裝載完畢並且準時發車。但是在這裡要特別認清一點，就是在企圖達成使命的過程中，團隊的需求（以這個範例來說就是晚班的同仁）都獲得了滿足。而就最後的結果來看，個人的需求也同樣地獲得滿足。所有的人都無須覺得壓力過大或是孤獨無靠，因為所有的工作都如期完成，就在那時，我們無形中就形成了一支必勝的團隊。

在這裡也必須認清另一個重點，就是：「擁有想要加入團隊的意願，並不等於擁有加入團隊的資格。」因此，你如何決定，誰才是適合加入自己團隊的人才？

精挑細選團隊成員

如果說不能單靠意願強弱來決定，那麼建立隊伍時，又該注意哪些事情呢？例如你願意跟什麼樣的人為伍：是那些會激勵你向上，並以高標準來要求你的人？還是凡事都會拖你下水的那些人？……這一切都必須由你自己來做決定。隨著年齡的增長，這件事情愈發不容易做到，因為只要你想這麼做，你就必須打破一些早已經熟悉的舊習慣和社交圈，而這其中也會產生情緒上的道義責任。因此，你愈早檢視自己適合與哪些人為伍，這對你愈有幫助。因此，當你在建立任何團隊的時候，以下幾個問題，你必須要清楚地問問自己：

㈠他們的能量如何？

我們銷售狗的座右銘是：「誰的能量高，誰就會贏！」任何需要和人打交道的團隊，這句話都適用；尤其進行銷售的時候，更加重要。這裡所指的能量是什麼？就是主動接觸、互動頻繁、好問、活躍、正面並充滿希望的能量。一位傑出的隊友在想事情或說話時，絕對不會用「沒辦法」這種字眼，而是用「我們如何……？」的方式。看到這邊，你知道我在說的是哪一種人嗎？他們用自己獨特的方式，讓室內所有的人都能感染到他的興奮和熱情，冷靜和專注，或者是力量和自信。我再三強調能量的重要性，因為它會完全瀰漫在自己的所做所為之中。和他人相處時，它也是展現能力和產生親密感的主要依據；同時也能憑著高昂的精神狀態來與外在環境合而為一，藉此增加進展速度和機會。你到底要跟什麼樣的人為伍？自己不妨好好地去想一想。批評是可以偶爾為之的，甚至有時候還蠻重要；但是在此我想請問一下：批評比較容易「增加」機會，還是「扼殺」機會？

(二)他們是否有獲勝的決心？

「富爸爸」團隊有一條規則是說：「你必須要對獲勝有著極度的渴望！」這並不是說你必須要百戰百勝，但是，你每一次的出擊都要全力以赴。有些人只想討人喜歡，過得安逸舒適，並且隸屬於某一個團體即可，這種想法嚴格來說也沒有什麼不對。但是他們真的想要獲勝嗎？他們是否願意竭盡所能？我相信很多人也都會說他們想要獲勝，但是這真的是真心話嗎？

請大家捫心自問：「我是不是真的想要獲勝？」如果換做是你，難道你會容忍自己的團隊之中，存在一些只想領薪水，終日廝混也不關心團隊死活的成員？當然啦，沒有人會不喜歡贏。但他們是否願意投入相當的時間與精力來達成？我在這裡並不是強調大家必須辛苦工作才行，但是我確實堅信，你必須竭盡所能才有獲勝的機會。大家是否都願意放棄短期的利益，來換取日後的勝利？

(三)他們是否願意讓其他隊友獲勝？

加入一個團隊的意思，就是說你願意把個人迅速獲益的渴望暫時擱在一邊，並且願意全力支持其他隊友；也就是說，你並非每一次都是隊上的大明星。如果能對整個團隊有利，你必須要能坦然接受自己偶爾也要坐坐冷板凳的窘境。如果隊友提出更好的主意，更要有保持開放心胸並且仔細聆聽的雅量，直到對方完全敘述完畢之前，都要保持緘默。對於那些急著先詢問薪水高低，而非團隊使命的個人，我們都應該要對他打上一個極大的問號。

(四)他們是否會負起責任？

對於任何想加入自己團隊的人，他們都必備具備「負責任」的特質，遇事不會責怪他人，反而願意承認自己的錯誤。在進行面試的時候，記得要詢問應徵者，截至目前他們曾經犯過的最大錯誤和最大勝利各是什麼？以及是怎麼發生的？是什麼地方出了錯誤，才導致犯錯？是不是自己習慣遇事就責怪他人？是不是當時的狀況，已非他們所能控制的？面試者又從中學到什麼樣的經驗？在問過上述這些問題之後，仔細聆聽他們究竟是如何回答。

你肯定不會想要那些無法負責，或者老是習慣指責他人的傢伙加入自己的團隊；

因為這些人只會醞釀不信任感，進一步摧毀整個團隊。你要找的人是那些會說：「我從中學到了……」，或是「下次如果再遇到這種狀況，我會……」的人。

㈤他們是否願意遵從「榮譽典章」？

任何想要加入自己團隊的人，必須要先清楚了解團隊目前所擁有的「榮譽典章」。一旦加以解釋之後，他（她）可以從事下列三項其中的一項：

- ◆**完全同意**（太棒了！）
- ◆**完全不同意**（這種情況下，這位面試者就不適合加入團隊）！
- ◆**透過進一步詢問，釐清疑問。**

以我設在加州的運輸公司的「榮譽典章」為例，當新人接受面試時，有時他們會問：「幫忙夜班工作，會不會有加班費？」這時，我們公司的面試者會帶著微笑回答說「不會！」並以溫柔、堅定的口氣告訴他們，這家公司可能不適合他。這不是在說前來應徵的都是壞人，只是他們無法融入像我們這樣的企業文化之中，用我們這種方式來貫徹「絕不拋棄有需要幫助的夥伴」這種精神。

㈥他們是否擁有獨特的才華或能力？

在理想的情況下，每一位成員之所以能加入團隊，主要在於他們皆在各自的崗位上擁有獨特的能力與才華；例如會計師們不需要擁有藝術方面或文案編輯的能力，業務員不需要從事工程師的工作。當建立一個全新或重組既有的團隊之時，你確實要找最優秀的人才，來從事他們最拿手的本事才行。洛杉磯「湖人」隊的俠客·歐尼爾身高超過二百公分，體重一百多公斤，是一位非常傑出的籃球前鋒，但他絕對會是一個糟糕透頂的賽馬騎師。了解我想表達的重點嗎？我們稍後還會再詳加說明。

總而言之，一個團隊會擁有什麼樣的成員，完全取決於你自己所訂下的標準，以及你所服膺的典章。一旦你對他人能夠清楚地表達自己是怎麼樣的人、你所要求的標準為何、哪些行為能被接受或不被接受、就會有許多願意遵守這種規則的人，排隊加入你的組織。同樣的，當然也會有人選擇轉身離開，因為他們不願意遵守這樣的規則。而這麼做也實在無可厚非。

在挑選團隊成員的時候，我通常會遵照比爾·寇斯比（Bill Cosby；美國影集《天才老爹》男主角）在他的電視節目中所提供的建議。他說：「我不清楚成功的關鍵為何，但是我很清楚：失敗的關鍵就在於想要討好所有人。」

也就是說，你如果想要讓所有人都滿意，那你往往就會招惹一大堆事情；而這樣的結果就是，你必須處理各種人與人之間的敏感問題。你早已有太多的正事等著處

團隊提示◆確保任何加入團隊的成員，皆擁有獨特的能力或才華；千萬不要隨便找人濫竽充數。

團隊檢查表（team check）

◆一位優秀的團隊成員，所應具備的特質：

1. 充滿精力。
2. 擁有堅決且渴望獲勝的意志。
3. 願意讓其他隊友獲勝。
4. 個人願意承擔責任——不會責怪或找藉口。
5. 願意服從「榮譽典章」。
6. 具有特殊的才華或能力。

理，而且你大概也不具備心理分析的背景，所以，你幹嘛要給自己找麻煩呢？

高度的期許

如果這個人充滿能量，願意把自己個人的需求擺在第三順位，擁有竭盡所能，要求獲勝的決心，肯擔當責任，認同並願意服膺榮譽典章，再加上又有一點點才華……，那麼這一切其實就可算是一個好的開始。你務必要確保大家都非常清楚規則而且認知一致。

雖然世事多變化，但是規則不應隨便加以更動。無論發生什麼事情，請記住永遠以「典章」為準則。而隨著團隊日益壯大，愈嚴格地維護典章，才能確保卓越的績效。假設一間只有五人規模的公司，當它坐落於亞利桑納州鳳凰城時，典章其實是很容易維護的。但是，一旦公司開始在紐約、倫敦、新加坡、雪梨、洛杉磯或芝加哥等大城市成立分公司時，想要大家共同遵照同一套標準與規則來行事，凡事就會顯得愈來愈困難。

大家不妨試試以下的實驗：找一段長約一公尺的尼龍繩，並在其中一端綁上一個小重物。接著，使重物在自己頭上轉圈，就像一個西部牛仔在玩弄他的套繩一樣。這時，請你試著轉快一點，看看會發生什麼樣的現象？你會發現，你的手必須將繩子握得更緊一些才行。現在請你再把繩子放長一點。結果還會發生什麼事？你會發現自己不但要把繩子抓得更緊一些，就連轉動重物的速度也得加快，才能確保繩子維持在原來的高度上旋轉。

也就是說，當團隊人數愈來愈多，典章必須更加嚴密地規範大家，並且更加確實地要求眾人皆遵守，甚至是演練的次數也要開始更加密集。再者，你也必須加快動作，否則任何事情都會變得無法控制。在一般公司開始成長的過程當中，通常會發生完全相反的狀況；員工們會變得愈來愈官僚，而執行的速率也會愈來愈顯緩慢。

從另一個角度來看：我的一位客戶，也就是新加坡航空公司，對公司內部高階管理階層的要求，在外人眼中看來就顯得非常不合理。每位資深經理往返於全球各營業據點的次數非常頻繁，持續不斷地重申新加坡總公司的文化、態度與典章。主管們犧牲與家人相處的時間，花費無以數計的時間在空中飛來飛去，只是因為認同，並承諾要發揚這一家已有四十多年歷史的航空企業的精神。他們將速率、重複不斷，以及深化的文化內涵融入組織之中，因而讓新加坡航空連年被評選為全球最優秀的航空公司。就算是面臨航空業史上最慘澹的寒冬，它們每一季仍然能夠持續創造盈餘。

若在既有團隊原本就存在的情形下，那麼我們勢必要對典章做出一番選擇。假如多年以來，團隊成員都不清楚規則，那麼他們現在就有權利做出選擇，也就是他們是否願意服膺這套新的典章。這時如果不經過事先的警告或說明，直接就將這套新規則強加在別人頭上，確實是一件很不公平的事。但是現在，他們就得做出選擇才行！這不是件容易的事情，但是請你不要忘記：如果沒有明確的規則，人們就會各憑自己的想法來行事。人生最大的衝突，往往都是來自於人們憑藉著自己與眾不同的規則而產生的。

有趣的是，就算產生這類的衝突，雙方依然都會認為他們的立場完全正當，也不會覺得自己有做錯任何事。為什麼會這樣？這是因為，他們所遵守的是他們自己所訂下的規則。心懷不滿的員工，總是會不斷抱怨老闆對他們的要求太高，甚至被迫辭職。這些員工自己的規則是：「只要老闆持續支付薪水，我們都會竭盡所能在上午九點到下午五點之間完成交代的工作；至於超過的部分，都要算加班……」但是反觀老闆的規則是：「無論支付薪水與否，我們都要竭盡所能地完成被交付的工作。」這其中並無誰對誰錯的問題；也就是為什麼我們必須在心平氣和的狀況下訂定規則，並對每一條規則皆做出清楚解釋的原因。

那些替美國運動汽車競賽協會（NASCAR）工作的技師們，個個都非常有才華且經驗豐富，而這正是從事這個行業的必備條件。但是，不管他們資歷深淺，只要

團隊提示◆規則必須事先溝通清楚並且具有一致性，這樣每個人才會了解，彼此之間有什麼樣的期許？要不然，每個人都會對規則做出不同的詮釋，這將造成日後彼此之間的誤會與摩擦。

一被新隊伍所僱用，每個人第一件工作就是堆輪胎。你知道這是為什麼嗎？因為他們不但需要了解團隊中每一個工作環節的重要性，同時也必須了解他們新加入的團隊文化是什麼！身為一個新進隊員，他們所採取的立場便是先服務他人……而不是成為明星人物。

當你在挑選新隊友的時候，你必須觀察他們加入團隊後，是否依舊願意服務他人，保持低姿態、仔細聆聽並且不斷學習。如果他會這麼做，你就知道這個人亟欲獲得其他隊友的認同，並且致力於成為一位優秀的團員。任何組織都擁有一套自己的規則，一套自己行事的方法，因此加入任何形式的團隊之時，事先了解這個團隊有哪些規則，以及別人對你的期許又是什麼？這些都非常地重要。如果新進技師缺乏這樣的認知，我才不願意坐上由他整備的賽車之中，而我相信，你也不會願意！

發揮所長

我們已經介紹過如何打造團隊的方法，也就是詢問關鍵的問題、判斷其動機，並且溝通雙方彼此之間的期許等等。接下來所要說的這項因素，或許正是本書最重要的一項論點，也就是清楚了解團隊中有些什麼樣的人。

如果你無法記住本書全部的重點，請你務必要記得這點：「成功的關鍵在於發揮每個人的長處。」

團隊提示◆每個人都擁有自己的一套規矩。這就是為什麼在你的團隊中，更加需要建立一套規則的原因，因為唯有這樣，才能讓每個人都遵守相同的規則！

不知道上次你被要求進行工作上的「績效評估測驗」，已是多久以前的事了？我敢跟你打賭，我知道後來發生了什麼事情。你將會看到一份詳細說明自己長處與缺點的評估報告書，然後主管會跟你說些什麼？內容必定就是：「缺點要加以改進。」

我在這裡要告訴你，這麼做完全是在浪費時間。光是要發掘自己有哪些方面的長處，就已經很不容易了。為什麼還要浪費時間，去嘗試加強自己先天上就不一定具備的能力？難不成你會指示別人，去做一些他根本不擅長的事情？！

一個優秀的團隊，就是藉著「榮譽典章」來將彼此緊緊聯繫在一起，並讓所有成員得以發揮個人長處。「富爸爸」學院所要推廣的主要觀念之一，就是每當尋找事業合夥人時，請記得要極力尋找具有特殊才能的人。至於為什麼？這是因為唯有如此，才能發揮互補的作用，彌補彼此之間的缺陷，進而提升產品或服務的價值、品質與多樣性。

想要從無到有，打造出一支百戰百勝的冠軍團隊嗎？請記得先把每位隊員的專長找出來，光是「擅長」或是「足以勝任」還是不夠的，所要找出來的是「出類拔萃」的能力。當你做成這件事情，你的團隊不但能一展所長，而且所有成員都會非常滿意並且充滿自信，因為大家最終都獲得勝利了。

同樣的道理也適用於家庭之中。舉例來說，我和太太之間的關係就像是「夥伴」一般，我的工作是從商、銷售與創造收入，這是我獨到的能力。但是我太太獨到的商業技能，卻是觀察細節的能力，她能立即辨識出固定的規律或模式。當然，她也是一位非常優秀的母親，非常熱衷於兒女們的教育。我們的夥伴關係非常成功，因為雙方都為對方貢獻出自己獨特的能力。

也許你無權掌管團隊成員能否充分發揮他的長處，但是你絕對可以掌控自己與哪些人為伍。

你周遭是否充滿不斷抱怨自己工作的人？你的工作環境是不是充斥著根本不喜歡自己的工作，但是為了領那份薪水，一直忍氣吞聲的職員？在這種情況下，大家只會彼此耗損能量，而且永遠無法嚐到勝利的滋味。要把自己放在一個大家互相「積極搶著完成任務」的環境裡，因為在這當中，每個人都在從事自己最擅長的事物——熱衷研究的人在分析數據，創意人才在發揮創意，熱愛銷售的人在從事業務工作等等。如果你身邊充滿這些人，你的能量將會不斷地獲得提升。

設限與制約

打造團隊時所面臨最大問題，就是一般人根本沒有學過，如何以團隊的方式進行分工合作。在學校裡，我們被塑造成獨力完成工作的模式；在課堂中，通力合作會被視為作弊。

當你在求學階段，你記不記得自己的成績，皆要依照分配曲線來打分數？只要是成績最高的同學，不管他真正的分數是多少，都會得到「優」的評價。如果某次考試大家都考壞了，這種計算成績的方法也不壞，對吧？但是成績最高的這位同學，其實是犧牲了其他同學做為代價，才獲得這樣的成績。

我們從小就被告誡，不可以找同學幫忙做功課，因為這種行為會被看成是作弊。至於有誰看過我們寫的報告？當然只有老師囉！因此除了自己老師的意見之外，我們從來沒有從其他地方獲得其他評語，也不知道自己所做的報告，是否能真正引起人們的興趣。同學之間也不會有意願來協助他人進步或是更上一層樓。事實上，如果按照分配曲線的方式來打成績，你就會期待別人最好考砸了，而在這種方式之下，根本就是無法倡導協力合作的精神。

然後我們進入社會，走進職場中。也許你跟我有著相似的經驗：老闆告訴你要做什麼？然後你就聽話照做，沒有任何質疑，也沒有其他同事來配合完成。這時如果你無法如期完成工作，就會面臨被開除的命運。沒有人會來幫助你完成工作，就算你打算開口求助，或許人家還會質疑打從一開始你就根本不適任目前的工作。

想想看：你是否有遇過上述的情形？

你還記不記得曾有一句老生常談：「想要把事情做對，最好就是自己動手做。」請你試想：如果團隊中有一群人，都是用這種觀念做為出發點來做事，那麼究竟會發生什麼情形？

絕大多數人並沒有以團隊進行工作的能力，想要改變原有的心態也真的很不容易；老是擔憂隊友是否會讓自己失望，或者擔心萬一發生狀況的時候，又該如何面對他們，這種想法簡直就是浪費生命。

《愛比琳鎮之矛盾》（*The Abilene Paradox*）一書的作者，也是喬治華盛頓大學管理科學的教授傑瑞．哈維博士（Dr. Jerry B. Harvey），他對「背叛」所下的定義為：「面對別人的求助，而不予以回應的行為」。這是為什麼？因為當你只顧著自己的時候，你就已經危及到整個團隊的利益了；你自己一個人的能力，絕對無法超越一個卓越團隊所能創造出來的結果。如果你不全力支持隊友，整個團隊就會面臨失敗的命運，而這就叫做背叛！

加入一個擁有一套嚴格「榮譽典章」的團隊就能讓人擺脫自己原有「不團結」的制約行為，同時也能幫助你成為一位更傑出的隊員。

和睦相處

想要產生有效率的合作模式，團隊中所有的成員彼此之間，必須能夠進行良好的溝通。根據經驗，我學會了四種增進團隊內部默契與親和力的要素：

1.所有成員必須由衷認同團隊使命，同時打從心底真正關懷其他隊友

不是光用嘴巴說說而已。身處在團隊甚至家庭之中，假使你想獲得他人的合作與了解，最好的方式就是打從心底關懷這些人。你應該聽過這句話：「己所不欲，勿施

於人。」雖然我並非百分之百同意這一句話，因為有許多人都不願意好好對待自己！你不一定要「愛」他們……只怕是由衷的關懷也好。最簡單的方式就是不斷讚揚或認同對方所做出的努力，那怕是最微小的成就也行。偶爾地來上一句簡單的稱讚——「謝謝你」、「做得好」、「太棒了」等等就行（如果你腦袋裡的小聲音對這種想法感到很不舒服，那你真得下一番功夫改正才行）。如果你想在自己的人生中創造財富與和諧，根據互惠定律，你必須先有意願先付出才行。而這個就是「自由業者」和「企業家」之間最大的差別。

2. 大家必須有共識，必須能用他們的說話方式及語言來溝通

跟隊友進行溝通時，儘可能地從對方身上所發生的事情來著手，而不是發洩自己的想法；應答時不要執著於對方所講的內容，而是回應他們心中正在想的事情。這其中有著極大的差別。你有沒有注意到，人們經常嘴裡說一套但是做出來的卻又是另一套？你可以藉著說出自己認為對方正在想什麼（而不是說什麼），來避免這種情形發生。要讓對方知道你想要了解，也有傾聽的意願，這麼一來，你所做的溝通就會更有意義，畢竟每個人都想要談論自己的經驗與看法。你有沒有遇到過這種情形，就是當你度假回來遇到朋友，雖然他會問你假期怎麼樣，但是不到兩分鐘，他就開始滔滔不絕地講他自己以前度假的經驗？

團隊檢查表（team check）

◆確保團隊擁有最佳溝通狀況的因素：

1. 在進行任何溝通時，記得展現出對團隊和成員的關懷。
2. 用他們的說話方式以及使用的語言來溝通。
3. 簡單扼要、清楚明確，並且只挑重點說！
4. 藉著重複剛才溝通的內容，來進行確認的動作。

你可千萬不要犯這種毛病喔！記得閉上嘴巴，專注聆聽就好。如果你願意進入對方的世界，並且敞開心胸仔細聆聽一會兒，你將會非常驚訝對方所做出的回應。

3. 能精確、清楚、簡單扼要地表達自己想說的話

有關這一點非常重要，就是直接講重點。夠明確了吧？

4. 要求別人或自己重複他人說過的內容：藉由要求別人重複自己剛剛所說的話，就能檢查對方是否真得有在聽（反之亦然）

你想表達的意思，並不一定是對方都能聽進去的內容。反之亦然，將自己所聽到的意思重複講給對方聽一遍，藉以進行確認。我很清楚自己曾經不只一次誤解對方的意思。那麼你呢？有時候家中所發生的不愉快、商場上的變卦或者錯失大好機會等等，往往不是因為犯小人，只是因為雙方單純的發生誤解而已。

一群人在一起工作，並不表示它們就算是一個團隊。在這其中有許多必須具備的因素才行。請問你想要達到什麼樣的目標？為了達到這個目的，你必須建立什麼樣的典章？或者必須要求大家遵守什麼樣的行為？團隊成員必須擁有什麼樣的心態、能力和獨特才能等等？而每個人原本各自擁有的，又是什麼樣的制約與限制？我習慣把以上這些，通通稱之為「結果模式」：

結果模式示意圖

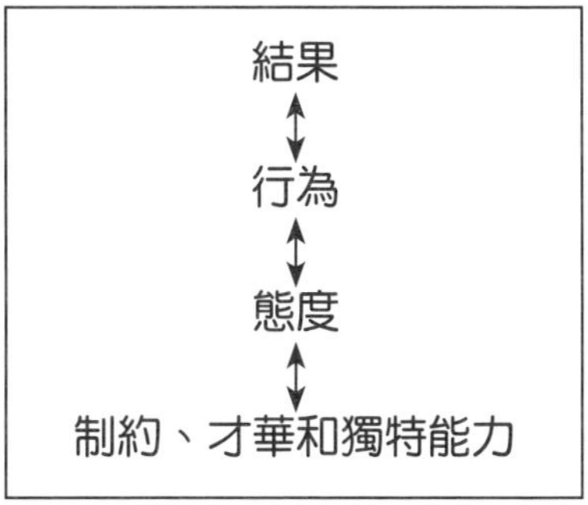

因為彼此之間不斷的有交互作用，這四項要素才會互相產生關聯，互為因果關係。你想獲得什麼樣的結果？皆由你的行為、態度和制約的影響來決定。任何事業真正的核心，其實都可用這個模式來解釋；這同時也是追求家庭和事業（甚至於個人）成功的重心。

我曾經請教過我的客戶，也就是德意志銀行，我曾問過他們，從我的課程當中所獲得的最大收穫是什麼？結果他們說，就是以上這個「結果模式」。他說：「我學到的是，如果你只把注意力放在結果上，往往為時已晚！沒有任何人因為只吃了一塊巧克力蛋糕，體重就會超重！」接著他又說，因為這個模式的關係，他跟團隊之間的互動確實與以前大不相同。他不再光看結果，而是從各種直接的報告中檢視團員的態度、活動和行為。他發現如果能及早發現問題，並且依據這些模式（行為、態度、制

團隊提示◆結果永遠都是由行為、心態和制約所產生的。如果你的注意力都只擺在結果上，那一切就太晚啦！

約）來進行輔導，團隊將可更容易地獲得成功。

現在，你要捫心自問：你是否夠格加入自己的團隊？你會選擇自己嗎？你會選擇自己周遭的親朋好友嗎？如果能讓你從頭開始、全新出發，你還會選擇同一群人嗎？如果你的答案是否定的，我建議你先擬定一份「榮譽典章」，並給他們一個選擇的機會：不是提高自我要求的標準，要不然就要去找新的團隊；反正不這麼做，你的團隊遲早也會面臨分崩離析的命運。

如果你的答案是肯定的，那你們就擁有必勝團隊的底子。你當然可以一路上完全靠自己來完成，但是終究你還是需要一個充滿正面的能量，並且擁有獲勝決心的團隊來支持你；他們偶爾會來罵罵你，甚至鞭策你，雙方彼此之間不斷地予以指正，同時藉著「榮譽典章」，更加緊密地凝聚在一起。

那麼緊接著，就讓我們來談談如何建立自己的一套「榮譽典章」。

團隊練習

1. 互相討論自己在面臨壓力的狀況下，會有哪些違反團隊精神的舊有信念浮現？以及這些信念，可能會對自己個人產生什麼樣的影響？
2. 列舉出你希望的新進隊友，擁有哪些的人格特質？如果你打算為自己的事業創建夢幻隊伍，那在暫且不考慮資金的問題之下，你會想找哪些人？現在立即去找他們，或者聯絡擁有相同才華、態度和能力的人才。

3. 把「結果模式」做成大張海報，懸掛在所有團隊成員都能看得見的地方。並且經常利用它，來強調自己想要獲得的結果。

4. 整個團隊一起或私下單獨花一些時間，分享彼此認為對方擁有什麼樣的獨特才華或能力？這時絕對不要討論對方的弱點。聆聽時不要做任何回應，並隨時留意自己腦海中的「小聲音」在說些什麼？藉由認可對方來表示自己有聽到對方的談話內容，而且絕對不回嘴反駁。此外，也要在家裡進行同樣的練習。

5. 從現在起，對自己的溝通結果負完全責任。例如製作一份海報，並在上面寫著：「我怎樣溝通，就會得到怎麼樣的結果！」

第三章
建立一套能激發潛能的「榮譽典章」

很明顯的，如果想要在既有團隊之中建立典章，你就必須先徹底弄清楚誰真屬於自己的團隊之後，你們才能坐下來一起創造「榮譽典章」。也正是因為典章是由整個團隊一起建立並且獲得大家認同，所以未來面臨挑戰與壓力時，才能將整個團隊緊緊凝聚在一起。

如果你是從頭開始，那麼在尚未組成團隊之前，你就必須先把自己的典章弄清楚。這樣你就能開始吸引那些傾向於認同自己典章的人。

只是很不幸的，人們通常要到面臨壓力之時，才會發覺團隊中哪些才是「自己人」。而一旦等到那個時候，進行溝通往往為時已晚。而這就是為什麼要事先訂定標準和規則的原因。一旦架構清楚，無論你是處在順境與逆境，每個人都能了解如何相互對待。

這些規則包含像是專業、團隊精神、誠信、溝通等諸如此類的事情，你必須要先決定自己想要展現的績效——當典章愈嚴謹，績效就會愈高。

無論是物理、運動、人際關係或是財富等領域，亦皆有著一種共通性的原則，而這也是「公差容限值愈小，績效就愈高」的原因。在此，請容我打個比方：

我進入高中所獲得的第一部汽車，是一九六三年的雪佛蘭（Chevy Nova）敞篷車。那台車子的最高時速約每小時八十公里，而且還是得在下坡狀態才能達到。我雖然很愛那台車，但是心裡卻很清楚——它並非一台高性能的汽車。

而另外一種狀況是，我太太曾經替諾斯洛普公司（Northrop）做事，這家公司專門製造 F-18 戰鬥機，就像你在電影《捍衛戰士》當中所看到的一樣。只是很明顯，這裡所用的機件遠比我的高中愛車來得優秀許多。在這裡，他們焊接專用的鉚釘都放在乾冰中儲存，等到要鎖到機身上之時才會拿來使用。他們製造規格所採用的的公差容限精度非常嚴格，這是因為這台戰鬥機，對於速度、高度和靈活度上的要求，皆可說是非比尋常。

請你想像一下，假使把我那台老爺車以三倍音速的速度劃過天空……它肯定會立刻在空中分解！同樣的道理，如果 F-18 在跑道上以每小時八十公里的速度運動，它是絕對無法起飛升空的。

問題出在有許多組織、團隊或團體，都夢想自己能達到 F-18 一樣的表現水準，可是他們運作時的公差容限值，卻就像我的那一台老爺車一般！光是想著要創造一個百戰百勝的隊伍，或者下定決心要發揮潛力……這些其實還是不夠的。當你帶領著自己的家庭、團隊或團體挑戰極限時，若無事先訂定嚴謹的規則，一旦面臨壓力，團隊必定潰不成軍。

海軍陸戰隊擁有最嚴格與死板的「榮譽典章」，這是因為當子彈從頭頂上方呼嘯而過時，腦袋會隨著情緒高漲而變得一片空白。藉由不斷的演練，試圖將這些典章深植於隊員們心中，因為也唯有這樣，才能在這種持續的高度壓力之下，正常維持團隊的運作；團隊絕對不能容許人們只顧自己找掩體來保命。在這個例子當中我們可以知道，「規章」的確是一種生死的關鍵因素；需要事先訂定明確的規則，確保每位個體都能做出正確反應，藉以保護整個團隊的安全。

在自己的公司或家庭當中，這也是同樣的情況。你的事業興衰，取決於你如何處理逆境，對家庭和孩子來說也一樣。有時候，團隊成員也許只顧著保護自己，反而罔顧了整體的最佳利益；這是很自然的情況，因為這正是一種被制約的本能反應。但是，若想要提升家庭、配偶或團隊之間的承諾，並且將之連結到更高的境界，這樣自私的行為就有可能會抹殺掉，我們先前所做的任何努力。這時，唯有藉著「榮譽典章」，才能讓大家負起彼此之間的責任與使命。

每個家庭和婚姻都免不了會經歷一些波折。典章可以將人們緊緊聯繫在一起。要不然，小孩子們可能會自作主張，做出一些對自己不利的抉擇；另一半也可能會因為分心或焦慮，在壓力下說出或做出一些他們後來會懊悔的事情。典章是一套雙方在理智冷靜的狀況下，一起同意的規則，迫使你扮演自己事先認同的角色。

你必須先要決定，想要做出何種程度的努力？是轉角賣冰的小攤販，或是炙手可熱的大企業家？是方便馬虎的男女關係，還是終生摯愛的婚姻？一群高談闊論共同理想的烏合之眾，還是一支百戰百勝的團隊？

你的典章將會決定你的表現，同時也是吸引新人加入團隊的因素。愈是強而有力的典章，其吸引力就會隨之愈強。它就像是一座燈塔，吸引具有同樣想法的人們；當你的典章愈清楚明確，想法接近的人們，就更容易受到它的吸引。

如果你不喜歡被別人命令，剃光頭或射機槍……那你就不要加入海軍陸戰隊！但是在那裡受訓的人們，卻都個個愛死它了！一體適用的典章並不存在，典章之間也沒有所謂孰優孰劣的問題。每個人都擁有自己一套價值觀，並且會被不同的典章所吸引。例如新加坡航空公司的典章，就和美國航空公司的不一樣；天主教和長老派教會的典章，肯定也不會一樣。畢竟每個人的偏好不同，可是請記住：一旦你加入之後，自然就應當遵守他們的規定。

任何良好的關係，都具有全體成員同意遵守的規定。無論是從商創業、運動競技、人際關係和家庭等亦然。

在此我先講清楚，我不是婚姻諮詢顧問，也從來不曾想過要從事這一個行業。但是有近百分之五十的婚姻以離婚收場，這個數據倒是不會令我感到驚訝。我相信有很大的理由是，許多伴侶之間沒有清楚地約定，或是兩人各別按照自己的規矩行事；一旦感覺壓力過大，人們就很容易回復成自己原有的規則。

我的太太愛琳（Eileen）和我共同擁有一套典章。為什麼？因為「婚姻」是我們生命中，最重要的一支團隊！我們都想要維護它，並且讓它興旺成功。以下是我們典章當中的一些規則：

- **◆無論我身在何處，每天都要彼此聯繫。**（因為我經常到處旅行！）
- **◆處理雙方的歧見，直到問題被徹底解決為止。**
- **◆一起學習。**
- **◆信守承諾。**
- **◆承諾投注於自己個人的發展與教育上。**

這些規則可用在任何團隊之中……無論是家庭還是職場。因此請你想想自己生命中的各種團隊：例如家庭、工作上以及社區等等。你又想在社會上傳遞什麼樣的信息？你想對別人造成什麼樣的影響？

建立「榮譽典章」的步驟

至於建立一套「榮譽典章」，則有以下幾個步驟：

1.要在冷靜理智的狀況下建立典章

我之前已經提過，但是在此重新強調一遍也不為過。不要等到壓力臨頭、情緒翻騰甚至是期限將至，或在兵荒馬亂的時候才來建立典章。必須在所有人的思緒清楚以及非常理性的狀態之下進行才對。很多人會在混戰之中，才想要臨時創造、規定並執行規則。奉勸你別做夢了！別忘了：情緒高漲時，智慧就會隨之愈低；硬要這麼做，只會讓事情變得更糟糕。如果你發現自己面臨這種情況，請立即喊暫停，並且等到大家頭腦清楚的時候再來定規章。

當然也別急著要在一次會議中，就想完成一切的步驟。就算你能找出大家神智清楚的時間，也並不表示你就得在這段時間內把所有的事情完成。在創造典章的過程中必須投入很多的心思，而且也不能讓大家感覺到厭煩；有時會需要幾天、幾週甚至幾個月的時間。

再者，若是能夠有段時間，大家都能離開辦公室喘口氣，這也會是一個好主意。遠離那些響個不停的電話，以及堆積如山的收發文件，我並不是倡議要全體員工飛一趟夏威夷來做這件事情（雖然我肯定不會有人抱怨），而是建議到鄰近飯店租一間會議室，並叫一些外賣點心來輕鬆一下。反正就是要不計代價地讓大家在這整個過程中，充分感覺到舒適以及思路清晰。而這個重點就是，必須在腦筋清楚的狀態下進行才行。

我有位客戶是全球美髮產品的經銷商。我們目前已經花了兩個多月的時間，替客戶的美髮師們擬定一套「榮譽典章」。截至目前，我認為尚須花上幾個月的時間才能完成第一個版本，因為不斷地來回討論和定義所有的規則，確實需要經過討論和激辯，這是一件好事！我馬上再給各位看一個實際的例子。

2.找出經常發生、一再影響團隊績效的阻礙

我曾受邀於一間全球投資銀行，針對他們的交易員進行輔導。這一群人都非常聰明、內行、動作迅速、自大且自傲；而我的工作，就是要把他們打造成一支百戰百勝的團隊！

在建立「榮譽典章」的時候，他們提出了這麼一條規則：「禁止在交易場所內，當眾羞辱他人。」對他們而言，這是一條非常重要的規定。為什麼？因為當人們處在交易場高壓、混亂的環境中，壞情緒和脾氣都很容易爆發。當辦公室的後台員工來交易場協助交易員進行買賣時，有些交易員就會為了一些小事開始大喊大叫，或是對這些後台人員大發脾氣。這個對整體的生產力，確實會造成很大的影響，更別提有多傷害彼此之間的感情；同時，也會影響想要進行正常交易的其他員工。這種行為，甚至也會產生許多「咱們以後走著瞧」的報復心態！他們確認這是一個不斷經常發生的問題，並且認定這個問題，足夠嚴重到必須替它制訂一條規則才行。

而當規則訂好之後，也交由全體隊員互相監督、維護這些標準。請你們猜猜看，發生了什麼事？交易場內的交易員和辦公室職員之間配合得天衣無縫，生產力立即出

現戲劇性的大幅增加。後來，當華爾街面臨巨大跌幅的時候，這支團隊的表現，大大超越了這家全球公司的任何一處營業據點，原因何在？在於他們學會如何以團隊來運作，而非只顧著自己個人的利益。

你的「榮譽典章」必須能符合自己特定的需求、團隊的使命以及自己經常面臨的問題。而且它不應該用來規範一些特殊的案例，例如「上週法蘭克竟然這樣對待瑪莉，我們為這件事情制訂一條規則吧！」反而應該要找出那些在團隊中，不斷重複出現、經常面臨的問題。團隊長期以來是不是常有遲到的現象？是不是大家都無法信守承諾？團隊中是不是有許多交相指責、流言不斷的現象？你可以創造一些規則來處理這種現象。請不要單看表面的徵兆，要仔細尋找那些真正潛藏的原因。

還有，不要光是找出哪些事情需要改進，還要找出那些做得很好的事情。舉例來說，你的團隊是否能在壓力之下正常運作，並且迎接挑戰、完成任務？他們是否可以不斷地互相慶祝所有人的勝利？請記得要把這些優點隔離出來，並且找出一直以來有礙於這些優良行為的原因。以下則是一些「榮譽典章」的範例，僅供參考：

◆絕對不拋棄有需要幫助的夥伴。

◆要願意「指正」並且「敢當」。（我們在下一章會說明這是什麼意思，以及如何進行）

◆慶祝所有的勝利！

◆要準時。

◆實現所有的承諾，並在第一時間處理無法兌現或實現的協議。
◆直接找當事人。（如果你對某人有意見請直接找他，要不然就放下來！）
◆要負責任——不要責怪他人，更不可以找藉口！
◆要有所貢獻——在「丟出」問題之前，要先找到解決辦法。
◆絕對不讓個人「問題」妨礙到自己的任務。
◆要對團隊忠心不二。
◆承諾投注於個人的成長。
◆絕對不尋求別人的同情或認同。
◆每個人都必須銷售！

你可以從我們的「榮譽典章」中，猜出我們是一群致力於個人成長以及銷售的組織。許多規定都是要我們充分發揮內在與外在的潛力！

什麼事情對你的團隊而言是最重要的？這是你必須和自己的團隊一起去發掘的。

3.每個人都要參與！

如果說你打算替既有的團隊建立典章，「全體一起參與」這件事情就會變得極為關鍵。原因有兩個。首先，如果典章是由他們創造出來的，他們自然就會認同它。其次，可以在制訂規則的過程中，讓那些不能接受新規則的人選擇離開。這樣可以節省你日後許多的麻煩，面對現實吧！有些人就是不願意對別人負責任，甚至無法對自己負責任。如果讓全體成員參與整個過程，隊員就可以在過程中，自由選擇要留下或是離開。這樣一來，他們就無法在事後抱怨自己當初沒有機會表達意見。

我曾經輔導過一間財務管理顧問公司，他們的「榮譽典章」中有一條是：「絕對不可以拋棄有需要幫助的夥伴。」對他們而言，這句話的意思是「你必須願意無條件的支持所有的隊友。」換句話說，如果你完成了分內的工作，而你的隊友仍然在為了準時交件進行最後的奮鬥，這時你必須留下來提供協助。這條規則並不是在說，你必須幫助他們做分內的工作；但是這條規定是要你提供他們，任何所需要的協助。例如他們需要一杯咖啡、影印一份文件，甚至是精神上的支持等等，透過這些來幫助他們完成使命。而且不管你的身分為何——無論你是大老闆或是清潔工，通通都要遵守這一條規定。

這條規則在團隊中引起很大的騷動。在討論的過程當中，有一個人跳起來說：「我為什麼要為別人的無能或懶惰負責？」老實說，這個問題問得很好，而且這個人的確有權利提出這樣的問題，畢竟這樣的討論方式才像樣！

必須要問一些很直接的問題，才能把每一條規定都定義清楚。唯有如此，才能排除一切誤會的可能性。如果大家都能同意接受，那是因為大家都非常清楚這條規定的意義。在這裡，請容許我稍微提一下有關反對意見的情形。一個團體出現反對意見當然是件好事，就是要這樣，才有辦法打造出一支優秀的團隊。當一切塵埃落定，但是卻未獲得全體隊員一致通過時，你可千萬要當心了。也就是說，經過這麼多次的討論，如果仍有人覺得被打壓或受到委屈，那麼你們整個團隊就應要下定決心。這時你們可以：

◆修正這項規則。

◆摒棄這一條規則！

◆請持反對意見的隊員（們）另謀高就。

如果你們放著這類的規則不加以解決，我保證它日後一定會回過來找你們的麻煩。屆時事情不僅會變得更加難堪，處理起來會更讓人感覺不舒服；而且這種被迫延後處理的問題，幾乎都會在最緊要關頭的時刻發生！

身為主事者，仔細觀察群眾當中是否有人有所保留，或在整個過程當中沒有全神貫注，你必須立即予以指正。你要能公開指出任何隱瞞的意見、感受或想法，要不然事後一定會讓團隊蒙受其害。請記住，創造典章是要人們積極參與團隊運作，它不能只是滿足少數人而已。如果你認為有人假裝服從典章，這點也要予以指正！強調典章的目的，是要保護團隊中所有的成員。它並非一種強制性的機制，而且也不是要壓抑個人的手段；它是一種防護的措施，讓大家在工作的時候，都能發揮所長。

幾乎每一次，當我和團結一致的隊伍配合時，團隊都會事前給我一些「風聲」，並且告訴我團隊中有哪些人是所謂的「問題兒童」。你知道我在說什麼吧？就是那位老是強烈反對大家的意見、製造麻煩、無法融入配合……的傢伙，通常我會微笑並讓我的客戶了解——我將暫時放下個人主觀意見，直到我能觀察團隊實際運作情形，並且開始建立「榮譽典章」為止。

在大多數的情況下，就算這位同仁反對大家所認同的規定，看起來就像是為了反對而反對；但事實上事情並沒有表面看起來這麼簡單。從我個人發現的許多案例中，我可以知道這個人的動機並不是故意找麻煩，而是打從一開始，這個人對目前所討論的問題，就存在著溝通上的困難。

要進一步深入探討。也許這位仁兄，並不十分擅長表達自己的要求標準或價值觀。也許他對於過去一些事件所造成的困擾，難以忘懷。如果有人不斷抗拒，千萬不要退縮，持續和他進行探討和溝通，直到他能接受或釋懷，或是他也很清楚地表達想要退出的意願。有很多次，我發現那種所謂的「問題兒童」，其實只是擁有極高的要求標準，但是卻又無法溝通清楚的人。為了提升整體的績效，這個人只會把大家的神經搞得非常緊繃，進而因此受到眾人排擠……

其實我們大多數人都擁有相近的價值觀和信念，我們也都想認真工作，替家人做出貢獻，享受快樂並且擁有良好的人際關係。這個過程中最令人振奮的地方，就是你可以發掘自己和團隊之間，竟然擁有這麼多的共通點，長期來說，對你確實很有幫助。

我也了解，有時候想要把所有人聚在一起、好好地溝通一番，是一件多麼不容易的事情。我曾跟一位客戶一起面對這樣的挑戰——就是要和三千五百多位員工一起建立他們公司的「榮譽典章」。想當然爾，我們無法同時將三千五百多位員工聚在一起。但是在這種情況下，你所能做的，就是將每個部門的關鍵人物聚在一起，讓他們替相關的部門做出建言；然後再由這些關鍵人物，轉向各部門的職員做傳達，並由他們來反映大家所回饋的意見。

從上而下頒布典章並且期待大家遵守，這是一種不切實際的想法。人們需要有作主的感覺，而這唯有透過眾人的參與才能做到。當我們開始輔導各個區域的時候，不斷面臨同樣的議題以及相似的典章條文，這是很正常的。我們允許每個區域部門擁有他們自己的典章，結果，那些原本都在掙扎的分支機構開始重新上軌道，甚至其中一間績效始終墊底的辦事處，竟然搖身一變成為全公司績效第三名。當然，由於建立了「榮譽典章」，有一些人終究是選擇離開公司，但是認同它並且新加入的成員們，卻都認真地把它當做一回事看待！

4.互相溝通團隊中各種正面和負面的行為，並且分享對此的感受

在由我所輔導的團隊中，也常會驚訝地發現：竟然會有人在跟同事相處十幾二十年之後，依舊搞不清楚隊友們對於一些議題的感受。利用這樣的機會，可讓大家討論以往有人被傷害、辱罵，或是被稱讚、認可的狀況。這樣也許又要講回到每個人都必

須要參與這個重點，藉著討論規則的過程，你有可能會揭露許多深層的抗拒心理，更因而解決了許多隱藏其中的問題。有時候，即便是一些芝麻綠豆般大的小事，也會在某個人的心中留下非常深的傷痕。

我曾和一座地方醫院配合，協助整座醫院以及各部門建立專屬的「榮譽典章」。當我在輔導外科手術部門的時候，我們光是確定「準時」的意義，就耗掉了好幾個鐘頭！多年來，對不同的夥伴而言，「準時」確實有著不同的意思。有人認為，準時就是在這個時候出現並打卡。團隊其他個人則認為，準時的意思就是打完卡、身體刷洗乾淨、換好手術衣並且準備動刀。這兩種不同的定義至少相差了十分鐘以上。在這十分鐘內，每個人腦海中的「小聲音」就又開始不斷地指責對方。「為什麼這傢伙每次都遲到？」而被指責的人則又會對自己說：「為什麼老是用這種眼光看我？故意想要讓我感到內疚嗎？」等等。

這一些悶在心裡，沒有說出來的話，往往會在事後演變成嚴厲批評、態度不佳或者雞蛋裡挑骨頭等態度。只要有人心存憤慨，遲早就會衍生報復的行為。但是自從他們把問題點出來並把話攤開來講，大家就開始針對這件事情形成共識，結果自然消弭了彼此之間的不和，而解決辦法就是進行簡單的溝通而已。

這就是為什麼你們必須相互討論所有議題的好壞，並在眾人同意，訂定任何規則之前，事先找出每一個人對這件事情最深層的感受。

5.一旦確定某一項規則，就要立即寫下來！

將規則公布在顯眼之處，也就是要團隊成員每天可以看到。例如休息區或辦公室內，我自己家中的典章就是貼在冰箱上。人在壓力之下很容易就會忘記規則，真可謂是「拋到九霄雲外去」。直接把規章放在入口處，也就是每個人甚至自己的客戶都可以看到的地方。沒錯，這種感覺或許有點怪，但是效果真的很好。

每條規則都應清楚地讓任何人可以做出正確解釋。並且要記住，典章一經頒布，每個人都有義務要遵守。因此所有人對它，都應該要有清楚的了解。

6.要清楚明確！

規則應該要用聲明、規定或協議的方式列舉，以便讓人在行動時能有所依循。請記得避免任何模稜兩可的規定。雖說這可能得耗費一些功夫，甚至需要不斷來回地討論，例如利用什麼樣的措辭，才能把規則講清楚。但是把它們正確寫出來，確實是一件非常重要的事情。

讓我很清楚地告訴你：「『榮譽典章』不是使命宣言，也不是在列舉價值觀。」如果簡單地在牆壁上寫著「一、團隊合作，二、誠信」等，完全不是創造「榮譽典章」的方式。為什麼？因為每個人對於「團隊合作」或「誠信」的想法都不盡相同。如果典章藉由聲明的方式，讓人可以有所遵從，你就不用冒著大家對它產生不同解釋的風險。或許你的規則可以採用這樣的版本：「團隊的目標，要比個人來的重要」來取代「團隊合作」四個字，畢竟這種表達的方式，會比較清楚一些。

「要專業」、「互相尊敬」或有著「要負責」等也是一樣的道理。你如何定義「專業」？這完全取決於自己的團隊、公司使命、客戶以及許多其他因素才能加以決定，建議不妨互相討論彼此對於類似上述名詞的想法或解釋。不曉得大家還記不記得外科手術團隊的故事？一個人對於「遲到」的定義，可能和另一個人南轅北轍。這時請記住：凡事務必要弄清楚、並且要更清楚、再清楚。

7.不要嘗試規範情緒！

如果訂一條規則說：「要永遠保持好心情」或「絕對不可以生氣」，這不但不公平，也不符合現實。畢竟每個人都會有不愉快的時候，就算你自己也會，對吧？但是同樣一件事，你可以換成這麼說：「絕不能把自己的情緒發洩在別人身上。」你今天過得不順利、情緒非常糟，這些通通沒有什麼關係；但是如果把它發洩在別人身上，則是絕對不被接受的行為。這樣制訂才是一條可供大家遵守並且合理的規則。

8.規則要訂得稍具「難度」

我說這句話的意思，也就是說訂定典章時，最好能激勵團隊成為更優秀的人才。這樣才有辦法打造出每個人能發揮最佳表現的環境，進而產生百戰百勝的團隊績效。

就像我稍早之前提過，團隊生活並不保證樣樣皆輕鬆愉快。團隊有時難免會亂成一團，有時甚至根本搞不清楚規則是什麼。但是為了遵照規則，有時難免要有所犧牲，所以才會讓人覺得這真的很不容易做到。但是面對這樣的挑戰，團隊往往就會變得愈堅強，同時，團隊中的成員也會因此激勵而變得更為優秀。

9.訂定規則時，不要訂過頭了！

當然，制訂一些規則來處理問題是好事。但是當你的團隊需要制訂更多的規則時，那就表示這個團隊其實面臨了更大的麻煩！

因此在制訂規則時，請儘量不超過十二條。如果規則太多，你的團隊可能覺得管太多，或感覺他們的行為受到過多規範。再者，如果你覺得規則已經訂太多，建議不妨試著找出共通點，看看有沒有可能將它們壓縮成一條簡單的規則？如果仔細檢查，通常你會發現在事情的表面之下，其實有著同樣的問題存在。最近有一位客戶，就是無法制訂少於十八條的規則。天哪！我就跟管理團隊一起坐下來重新檢討，然後我看出一個很普遍但是沒有人願意指出來的重點。這個團隊所制訂的規則，看起來都像是在拐彎抹角地暗示：「大家都不願意在別人面前說實話，深怕日後遭到報復……」

原來如此！

因此我們就將整套規則棄置並且重新開始。利用一條「願意從頭到尾傾聽別人的觀點和看法，而不加以打斷」的規則為基礎，並且同意「絕對不從事報復的行為」為前提，如此一來，立即把規則修短了不少！也就是說，你務必要找到事實的真相才能

團隊檢查表（team check）

◆建立「榮譽典章」的步驟：

1. 要在「理性」的狀況下建立典章。
2. 把經常發生、不斷影響團隊最佳績效的行為獨立出來，拿來做為建立典章的基礎。那些對團隊績效有幫助的行為，也請依照這種做法做一遍。
3. 如果你原本就擁有團隊，請務必要讓所有的人都能參與。
4. 討論各種有助於團隊或者傷害團隊的行為，以及每個人對這些行為的感受。從上述討論中，寫下會對團隊最佳行為和績效有幫助的規則。
5. 確保這些規則內容明確並且可以落實，完全沒有模稜兩可的情形出現，同時也不落於一般價值觀的聲明。
6. 不要試圖在典章中規範情緒。
7. 對每個人來說，規則都應該要有一定程度的挑戰和難度。
8. 不要制訂太多的規則。最好不要超過十二條。
9. 如果有人違反規定，一定要立即予以「指正」！

奏效。

前些日子富爸爸顧問團也坐下來創造了一套典章。我們花費了許多時間檢視、制訂規則並再次重新審視。我們不斷地反覆討論：「不可以這麼做，不要那樣做，這樣還可以，但是唯有這種條件下……」等等，一切簡直沒完沒了。忽然間，有人反應說：「我們訂的規則實在是太多了。」結果，我們把所有規則濃縮成一條：「不可濫用品牌」。它不僅解決了我們所有的顧慮，同時也要避免典章過於繁瑣，以及冗長的制訂過程。

總之，不要企圖藉由增加規則，來使典章趨於完善；粹鍊明確的規則，才能使典章更加臻於完善。

10.若有人違反規定，請記得隨時給予指正！

其實就是這麼簡單。怎麼做？就把對象拉到一旁，然後跟他說：「你違反典章了。」

很多家庭、團隊和公司都有自己的規定，但是當有人違反典章時，很少會有人加以「指正」。或許這就是一個好團隊以及一支傑出的團隊之間最大的差異所在。

聽起來很簡單，做起來更簡單，但是一開始的時候，事情並沒有像我們所說的這麼容易做到，因為人們往往不喜歡聽到別人說他做錯了什麼事情。很多人都無法接受別人的批評，是因為多年來的人生，確實累積了許多情緒上的包袱。當我說「指正」，我的意思不是說這個人需要被申斥責罵。在我的經驗中，利用懲罰、罰鍰或是當眾羞辱，效果其實都欠佳！我所說的絕對不是這個意思，你只要簡單地向對方指出，哪一條規則被打破了就行。

如果說「指正」是團隊力量的命脈，這一點也不為過。團隊自己必須來負責落實執行的工作，如果有人違反典章而大家皆視若無睹，那麼這些人就沒有把典章和團隊

團隊提示◆維護典章並非老闆或隊長的責任，它必須由整個團隊共同來維護，畢竟這是「我們的」團隊！

當成一回事的必要。很快的，你就會培養出最糟糕的團隊環境——做事沒有標準依據，同時產生許多「大夥都說話不算話」的負面情緒。

心裡做好準備

好了，你現在已經花費數日、數週甚至好幾個月來創造一套「榮譽典章」。你也找出所有的問題，你們彼此之間也做了有效溝通，並將規則濃縮成幾個章節，寫下來張貼在顯眼的地方。生活從此就無憂無慮了，對吧？

其實還差一點點……

我一定會提醒我所輔導的團隊，也就是在事情好轉之前，也有可能會先變得更壞。雖說終究會好轉是可以確定的，但是一開始的時候常常會有人因此離開，對此，大家要有心理準備。事情雖然很諷刺，但是經過這麼多次溝通，一旦頒布規則並且予以落實之後，人們就會發覺說：「喔，好像是要玩真的囉！也許我會違反規定而被別人指正也說不定。」所以他們就決定跳船了。或者，另外一種情形是，你的夥伴迫不及待的想要立即考驗這些典章。

以我的兒子為例，他每一次都會這樣子對待我。當他拿起某樣東西，而我卻說：「把它放下來！」他就是故意不聽話。然後我會接著說：「我會數到五，你必須在我數到五之前把它放下來！」如果你自己也有小孩，你就知道他會做出什麼樣的反應。

他就會一直等到我說出：「五！」的時候，才會不甘願地把手上的東西放下來。這其實就是在測試我！但是我必須告訴你，很不幸的，我們內心這個頑童的部分都還存在，甚至根本永遠長不大……當你頒布規則後，在一些特定人物身上就會發生類似的行為——他們必須親自以身試法！有時候，這甚至完全是某種「下意識」的作用。

我曾為某家公司的領導團隊建立一套「榮譽典章」。其中花費幾次的會議來進行研討，最後也終於完成整個過程。而在完成之後不到一天的時間內，居然就有一位高階主管違反了典章規定！我相信在他的內心深處，就是有一部分的心態覺得：「我就是必須要去測試它。」我發誓，他當時的行為完全是一種潛意識的反應。這其實是一個很棒的故事，因為在這裡我要強調很重要的一點。所有的人——對，就是連你在內——遲早都會違反典章。這是很正常的狀況。但是相信大家都不知道——「打破規定」還沒有「如何處理」來得重要！

在這個例子當中，團隊立刻集合在一起。違規的人毫不遲疑地敢做敢當，並且公開向團隊道歉，也再次承諾一系列的彌補行動。由於有人主動指出，某高階主管違反了規定，團隊也立即公開的處理這件事情，因此，這次的事件對整個組織傳達了非常強而有力的訊息，其他的團隊立即進入狀況，開始負起責任。最近該公司所舉辦的商展當中，整個團隊的精神和能量，簡直令人無法想像！他們由此深深知道，他們擁有一支卓越的團隊。這種結果真是太棒了。但是請務必了解，心裡也要有準備……有些人仍然會選擇離開、假裝要辭職，或是毫無理由的生悶氣。對於大家同意負起責任、

參考用的規則（sample rules）

◆願意支持團隊所決定的目的、規定和目標。
◆開口說話時要有所貢獻，並且動機良善。
◆把任何人當下所說的話，都當成事實。
◆兌現所有的承諾（負責任）。
◆只可許下有意願，並且打算兌現的承諾。
◆在第一時間內，溝通並處理任何可能無法兌現的承諾。
◆在第一時間內，處理任何破裂的協議。
◆如果有問題產生，先尋找系統中可以修正之處，再將自己想出來的解決辦法和有能力處理問題的人進行溝通。
◆不要在人家背後說長道短。
◆要實際並且有效率（以少做多！）。
◆要有獲勝的企圖心，同時也願意讓別人出頭（要雙贏）。
◆集中火力在有效的事物之上。

敢做敢當這件事，簡直讓他們寢食難安到了極點。雖說這也不能算是一件壞事，但是這麼做不僅能督促人們成長、接受挑戰，並且成為更優秀、更敢做敢當以及更勇於負責的人才，而這就是一件好事。

一旦初期離職潮結束後，你就會知道，願意長期留下來奮鬥的夥伴到底是哪些人，而這時候，事情也才會開始產生奇蹟般的結果。

面對改變

時間會改變一切。人們則會在團體之中來來去去。

有時候因為經濟環境的改變，而連帶影響了個人原本該負的責任。你對這件事情，也必須先有心理準備。請務必記得，不論他們是否有意識到，每個人都擁有自己的一套典章。每個人、團隊或每家公司都有著自己的典章，如果缺乏大家共同承認的規定，人們就會依照自己的規則行事。每當合併團隊或有新成員加入的時候，規則就必須再拿出來重新討論並且加以檢視。每當團隊有新血輪加入的時候，他們不太有機會表達自己對典章的看法，因為典章早已存在。對此，他們只能清楚地表示自己了解並且會予以認同。

我們都是人，難免會違反規則，這是無可避免的。在書中稍後的章節當中，我們也會討論到如何處理這樣的情形。

團隊練習

◆建立自己團隊的典章！
◆在心存懷疑的時候，檢查自己的感受和直覺。
◆願意一起努力，達成共識。
◆個人要負起完全的責任；不責怪、找藉口或者指責別人。
◆積極慶祝並讚揚所有的勝利。
◆永遠要有「竭盡所能」的意願來獲得勝利！
◆先行動再檢討；不要讓個人的問題，妨礙自己的工作或任務。

◆進行溝通時要清晰明確，並且確認對方的回應。
◆要有意願竭盡所能地支援所有隊員。
◆要有「共患難」的意願。
◆不要尋求他人的同情或認同。
◆要守時！
◆絕對不拋棄需要幫助的夥伴。
◆要提早、經常地、無條件地支持他人。

第四章
你個人的「榮譽典章」是什麼?

偉大絕非偶然，也不會無中生有。至於偉大從何而來?首先，你對於所從事的事物必須充滿熱情;其次，要清楚了解自己是否有能力，同時也嚮往成為哪方面的箇中翹楚?第三，無論是從身無分文到富甲天下，還是從克服困境並且在人生各領域中獲得成功等等這類感人故事，其中必定包含了個人的「榮譽典章」——一套他們絕不妥協的個人行事規則和約定。

你有沒有自己的一套「榮譽典章」?你給自己的規則有哪些?你又曾經要求自己擔起哪些責任?你到底是個什麼樣的人?你要知道一切如過眼雲煙，他們可以拿走你的金錢、財產、朋友甚至健康，到最後唯一僅存的，就是自己的榮譽罷了。

在這種情形下，請問你自己的「榮譽典章」是什麼?我發現最有影響力的人，並非經常出現在《新聞週刊》(*Newsweek*)、《財星》雜誌(*Fortune*)、或者《體育圖摘》（*Sports Illustrated*）的封面上；有時他們就在隔壁的辦公室內。這些人有著堅定的信念、嚴格的自我要求標準、清楚知道自己生命的方向，並對自己的人生了無遺憾。如果你還沒有屬於自己的一套的「榮譽典章」，我建議還是請你坐下來檢視一下自己的財務、健康、人際關係及價值觀，藉以建立自己的典章。你願意對自己及家人許下什麼承諾？你心中真正捍衛的又是什麼？

大多數人的問題是故事講得好聽，或者只會對他人闡揚自己的信仰，但實際上卻從未堅持到底。這就像是身為父母的人，訓誡小孩不可以說謊，但是自己卻總是在逃漏稅或對配偶不忠。孩子們會留意這點並且有樣學樣，進而把典章中的「誠實以對」的意義，扭曲成「只要不被抓到就沒事」。當今在職場中，即到處充斥著這種不良示範。

偉大的運動員之所以能到達現在的地位，除了自己的天賦才能之外，也與他們替自己訂定了極高的體能標準有關。他們投入大量時間在練習、研究、接受指導、檢討自己的比賽以及照料自己的身體。但更重要的是，他們給自己設立了一套規則，並且永遠不會放棄。

多數人或許都沒有自己的一套「榮譽典章」，原因不外乎他們不希望對這個規章負責任。他們寧可多睡一會兒，也不願意一大早爬起來做運動，就算他們內心知道自己應該要這麼做，而這就是所謂的「自律」。

多年前，在我任職於俄亥俄州立大學美式橄欖球隊之時，我便是在一位作風備受

團隊提示◆你會願意擔當起哪些事情的責任？

爭議的教練伍迪．海斯（Woody Hayes）手下擔任總經理之職。他的特立行為受到報章雜誌片面的惡意中傷，終於賠上了事業與聲譽；雖然如此，他一生中畢竟協助了成千上百的年輕人，建立無比堅毅的人格。每當他從高中招募新進的球員時，他會先對每位球員做家庭訪問，藉此了解球員的家庭狀況。大多數人並不知道他這麼做在尋找兩項要素。第一個要素是，該球員的家庭是否擁有紀律？換言之，該球員的家中是否有規則——也就是「榮譽典章」？尤其是日後某場比賽接近尾聲，還需要攻下許多碼才能獲得勝利的時候，這位年輕人心中是否有足夠紀律來集中心志、沉著冷靜，並和隊友們一起堅守比賽計畫，藉以贏得最後勝利？

伍迪當時也在尋找第二項要素。他希望能觀察到這位年輕人，是否真正被其他家庭成員所愛戴。一位美式橄欖教練用此來衡量球員，標準看起來確實有點奇怪，但這卻是一個非常明智的做法。為什麼？因為這樣才能讓一個人擁有自信。能被家人、團隊需要或重視的感覺，不但可讓人建立起內在的自信，而且也會願意接受他人的支持與幫助，而這就是續任教練文生．蘭巴迪（Vince Lombardi）所說的「團隊精神」所能形成的力量。一旦比賽進入白熱化的時候，可以藉此讓隊員彼此之間保持相互尊重與信任，進而創造勝利的果實。

所以，你自己的家庭又是什麼樣子呢？

我為什麼要講這些？首先，了解這一切的確有助於你建立並支持自己的團隊與家庭。但是更重要的是，如果你想要充分發揮自己的潛力，你必須先在各方面愛惜自己，才不會先對自己感到失望。如果你沒有這樣的自律能力，代表在某種程度上，你根本就不愛你自己！如果你跟自己許下一些承諾，可是事後又完全不去遵守，難道你不覺得，這是一件非常沒有意義的事情？在此我所說的承諾，包括你自己的健康、財富以及人際關係等等。我確定你以前有發生過這樣的事件，也就是當朋友或同事找你商量，他們所面臨的個人或工作相關的挑戰。身為他們的好友，當時你必定會給予他們適當的建議。你或許會說：「換做是我，我絕不會忍受這種事情！」、「你應該這樣做……」或者「你應該堅持自己的立場！」等等。但是當你自己也遇到這類事情的時候，你會怎麼做？你替自己所設定的道德標準與價值觀又是什麼？你是否願意堅守自己的立場與標準，絲毫不肯妥協？你是否能夠摸著自己的良心，坦然地說自己都有在「身體力行」？

　　你必須在人生的重要領域中自律或加以規範，也必須願意在違反的時候糾正自己，同時和那些會用同樣標準來要求你自己的朋友、家人以及同事為伍。如果你真有勇氣如此做，你不但可以發揮自己真正的才能，完成天職，你身邊也會充滿著許多非常非常愛你的人，完全不會有那些口是心非的傢伙混在其中。所以我請問你，你的典章是什麼？它是不是一套充滿榮譽的典章？因為當你嚥下最後一口氣的時候，你唯一擁有的，也是唯一會被別人記得的，就是自己一生的行為、事蹟以及對他人所造成的影響。你內心存在著許多偉大的典章。你應該把這些典章釐清，並且保證絕對不妥協。不要嘗試著討好所有的人，當你清楚地了解自己是什麼樣的人，以及自己所堅持的事情，如果你身體力行自己的榮譽典章，你將會吸引一群又一群和你相類似的人們靠近你。如果你能這麼做，你將在生命中的各個領域中創造富饒。我希望你在看完這本書之後，就算什麼都懶得做，但至少也要能坐下來替自己建立一套「榮譽典章」。

所以，在下列各領域中，你究竟替自己設立了哪些典章：

- **最主要的人際關係**
- **財務自由**
- **事業與團隊**
- **家庭**
- **健康**
- **個人成長**

這些領域有著一個共通點——就是你自己。當你對自己的「榮譽典章」做出承諾，並且做出那些必要的改變之時，你的生活將會變得更為美好。而且我也敢打賭，會挑這本書來看的人，也必定是那種致力於個人成長以及渴望獲得成功的人，當然也肯定是一位備受他人敬重的人。

就算這並非你的本意，別人還是會以你為榜樣，把你當做表率。事實上每個人本身，就是自己的榮譽典章。

舉例來說，在我自己個人的典章中，我會和摯友分享其中的一項規則，也就是「我周遭的朋友要能督促我，甚至比我的自我要求還要更加嚴格。」如果你希望獲得成功，你應該和不斷要求你奮發向上的人們為伍。擺脫那些不長進的人。務必和不斷追求更高境界的人們為伍，特別是要和那些當你都開始懷疑自己是否有足夠潛力之時，卻還一直對你滿懷信心的人們。

另一條我會恪守的規則是「絕不妥協」。我會堅持面對問題，直到我認為該問題已經完全被解決為止。我不會因為只想息事寧人而選擇罷手。我會一直停在問題上面，直到我覺得問題已經解決為止。每當我感到沮喪，或在生活中的某個環節出現問題時，我的典章中也會寫著「堅持面對問題，直到從中學到了教訓為止」。我的導師富勒博士（Buckminster Fuller）曾說：「苦惱是發覺真相的良機」。如果你對某件事情感到心煩意亂，這就表示其中還有你尚未學會的東西存在。你絕對不要去責怪他人，或是扮演受害者的角色，而是要問自己可以從中學到什麼？

有時候需要經過一段時間才能做得到，尤其是當你需要面對真正的自己，面對無情的真相時，這的確會令人感到很痛苦。我曾在一九八〇年代初期，經歷了一段非常痛苦的離婚。我當時花費了許多時間來責怪我的前妻、她的家人以及我當時的工作情況等等，只是這麼做對我根本沒有任何幫助。但是當我回顧這一切，並且嚴加審視自己的時候，我了解到自己內心深處，其實是極度需要獲得別人的認同；所以我為了討好別人，反而違背了許多自己本身的價值觀。一旦我想通以上的道理，我理解到我將

個人練習◆找個自己最喜歡的場所，安靜地坐下來，建立屬於自己的典章。認真想想：哪些事情對自己來說非常重要？你會想要一勞永逸、徹底解決哪些以往過去自己所造就出來的問題或行為，重新掌握自己的人生？

來必定會重蹈覆轍，因為所有問題的答案都在我自己身上。因此我花了相當長的一段時間，有些人稱之為「療傷期」來做自我內審，試圖找出如何避免一再發生相同問題或情況的方法。

最後再舉我個人規則當中的另一個例子來與大家分享，就是我永遠會問自己「下一個階段是什麼？」因為我必須不斷地學習。我的「榮譽典章」規定，一旦自己開始安於現狀，便是要投入下一個新挑戰的時候。或許有人會說我是個瘋子，但是我確信我自己必須持續不斷地學習。所以，每當事情開始變得容易處理或擺平，或是我發現自己開始感到厭煩，並且不再認真努力時，我會馬上知道是該前進到下一個階段，跳脫自己的舒適區並前往新境界的時候了。這就是我確保自己持續面對挑戰，並且充分發揮自我潛能的方式。

我的家庭也有著一條規則，我習慣稱之為「不可遁逃條款」。它的意思是，無論家中出現什麼樣棘手的問題，所有成員都不可置若罔聞，也就是沒有所謂「置身事外」這回事。我們承諾對全家彼此相互關懷，面對並處理任何問題，直到問題被完全解決為止。另一條規則是「絕對不可以吵到一半就跑去睡覺」。有時候這代表了我們會為了溝通尚未解決的問題，而延後上床睡覺的時間。每當我們熬夜逼自己解決問題，那些片段對我們的關係而言，都是極為特殊且感受強烈的時刻。雖然有時很不容易甚至很耗費精神，才能恪守我們家庭的典章，但是就因為有了它，才使得我們的婚姻愈發堅固、健全。

此外，我們如何對待小孩，也有著特別的約定與規則；而我們的小孩，也有著屬於他們自己的典章。這能給予家人彼此之間確定性與安全感，大家可以預期彼此互動的方式，並且藉此更完全地互相信任。它不是在限制我們，反而會讓我們更加親近，創造出更多的親密關係與愛。由於事先有規範，當我們需要休息的時候，家裡的小孩都不會像衝鋒陷陣的士兵一樣，圍繞在附近跑來跑去、拚命吵鬧，而這正是我們與一般家庭截然不同的一種體驗。

請你記得，典章不只可以強化你自己的團隊，同時它也在向全世界傳達，你到底是什麼樣的人物。

以上是我自己典章中的一些範例，可以用來做為構思你自己典章時的靈感。現在正是你下定決心的時候了，你應該要決定，哪些事情對你自己和周遭人們而言是最重要的，因為你個人的典章，就是你自己本身的見證。你打算傳遞什麼樣的信息？你會打從心底恪守什麼樣的規範，並且堅持到底？因為在你離開這個世界多年之後，人們會記得的是你當年的堅持，你所代表的理想，而不是你當時賺了多少錢。

團隊提示◆就因為我們擁有這些規則，所以很少會產生負面的事情，我們大家都成熟到足以克服這些小事。由於事先提供小孩清楚的界限，所以他們能夠盡情地在這些範圍之中發揮創意與發洩活力。

第五章
貫徹「榮譽典章」，確保表現更加傑出

事實上，許多團隊都有著自己的規則，有些甚至還聲稱自己擁有典章。但是否真的具有規章，還要看該團隊能否確實遵守並且嚴肅看待它而定。

恩隆（Enron）公司也有規則，全球光網（Global Crossing）公司也有規定，類似安侯建業（Arthur Anderson）等大型會計事務所，也有著嚴格的會計準則（註：這些公司都曾爆發醜聞）。此處的議題，強調的並非規則本身，而是當有人違反規則時，接著會發生什麼樣的事情？如何落實、執行並強化規則，才是我們所面臨的挑戰。而其中最主要的問題是：當有成員違反典章或打破規則時，該怎麼辦？是否必須加以責備？或是打他一頓，再給他一個自新機會？抑或科以罰金，繳錢了事？

事實上，多數情況是什麼都不會發生。人們假裝沒看到，因為他們不願意被視為製造麻煩的人，或是因此遭受團體排擠。再者，這些人更不希望為了指正某件事情而牴觸他人，而在日後遭受報復。例如身為父母親，為了要貫徹家裡的規定，有時所衍生出來的麻煩甚至比懲戒小孩的意義還要大，因此在這種狀況下，父母親往往決定放孩子一馬……

總之，我們到底該怎麼做？

「指正」

你一定會感到非常驚訝，答案其實很簡單！那就是如果有人違反規則，你必須予以「指正」！看到這邊你一定會問：「就這樣？」是的！一般來說，就這樣處理即可。請記住，一個人對於被公開羞辱，或被同事、團隊排斥的恐懼，遠遠超越對死亡的恐懼（我在一篇由喬治華盛頓大學發表的研究報告中所看到的，人們對於死亡的恐懼，歷年來只排第三名！）在多數情況下，個人直接或整個團隊指出某人違反規則，這就已經算是最為正面（直接）的一種牴觸了。如果有人確信為了某件事情，自己一定會被別人「指正」，那麼他們一定會想盡辦法來避免這樣的尷尬，或是免於被團隊唾棄。

但說實話，這其實也是一個雙面刃；也就是說，形成「被指正」的恐懼，和不敢「指正別人」的恐懼其實是相同的。要知道，一旦建立典章之後，團隊的精神、勇氣就會面臨挑戰，而當中最困難的地方就在於「指正」。

如果缺乏勇氣或技巧來溝通真相，那麼在公司、婚姻或團隊當中的許多關係，肯定就會產生問題。

相信每個人都不希望自己去傷害到他人的感受，同樣的也不希望面對懲罰；但除非大家願意進行指正，否認典章完全無法產生作用。事實上，每一次遵守典章，進行指正時，就會讓它更具威力，結果就是整個團隊隨之變強，進而產生更好的表現。反之，若有人違反規則卻又無人指正，整個團隊士氣就會愈來愈低落。這個狀況正是在暗示大家——你說話不算話。換句話說，也就是你完全沒有榮譽感。

請想一想：這對小孩會造成什麼樣的影響？如果你無法落實並執行對小孩的規定，那他們就會開始反過來挑戰你。你可能會喊：「不要捉弄弟弟！」但是假使你從未對小孩強加執行這個規定，你將給小孩傳遞以下的信息：⑴捉弄自己的弟弟是被允許的！⑵規則都是虛設的（這樣的思想與行為正是罪犯們的溫床）！以及⑶可以隨時違反規則。這對任何組織團體而言也是一樣的道理。

沒錯，就因我們是人，所以規則難免會被打破；也就是說，我們都會犯錯。在某種壓力之下，我們都會回到原始的生存模式，依照本能的反應行事。這就是為什麼我們需要團隊和典章的原因！即使面對逆境、混淆與疑慮時，仍然支持你發揮潛力。典章若能一再地被強化，則遵照典章行事，就會變成一種直覺的反應。

追根究柢，你必須堅持不懈地進行「指正」。

如前所述，指正並非是專屬於主管或老闆的工作。你如果想要打造卓越的團隊，

團隊提示◆規則本身不是問題。及早發現並持續指正被違反的規定，才是挑戰。

那麼指正則是每個成員的工作。而且，如果每位隊員也清楚知道其他成員隨時都在監督自己，這麼一來便會有持續性的效果產生。如果你曾參加過任何一項競賽性的運動，你就會知道若沒有盡力，不用等到教練來告訴你，你的隊友們早就頻頻前來「關心」你了！如果還要依賴「高層主管」、老闆或經理來指正，那麼你所擁有的，就並非是一個真正的冠軍團隊。或許你的身邊的確圍著一群人在工作，但是這肯定離所謂的「百戰百勝團隊」，仍然有著一大段距離！

在規模較小的團隊中，鮮少需要動用到罰款、懲罰或罰則。只要有人較嚴重或一再違反規定，整個團隊將很明顯地會產生相當不良的後果；也就是說在一開始，只要出現些微徵兆，你只需要清楚的、直接了當地及早指正即可。但是無論規模大小，問題一旦拖得愈久，事情往往就會弄得愈難看，而屆時將會需要更大的膽識，方可解決這類的問題，並且進行指正。必須一對一的面對某人，其實是需要勇氣、承擔與膽識的，而這亦是一支卓越團隊必備的構成因素之一。也就是因著這些行為，才會在團隊及家庭中形成人格上的特質。團隊或組織的規模愈大，愈需要清楚的規則與處置方式來支撐。在這些情況下，你無法隨時與所有成員一一保持良好溝通，因此才會更需要強而有力的管控機制來幫忙。

在此讓我舉一個例子說明。

我經常旅居海外。其中有一個特別的國家，它是全球最乾淨、犯罪率最低的城市，擁有極高的生活水準，以及全球數一數二的國民所得。但是該國的確制訂了許多的規定，例如幾乎所有的事情都設有罰鍰，從不小心在人行道上丟個垃圾，到嚼口香糖都有著規定，真可以說是數也數不清。該國在某件事情上，的確展現出他們對於指正有著清楚的了解——也就是當地報紙會刊登違反公共規定者的相片，並且描述其所違反的情事是什麼。這是多麼丟臉的一件事啊！但是這個方法的確很有效（順便一提，我並非在提倡「公開羞辱」這回事）！

只是，為何要如此嚴格呢？

因為，該國是個坐落於小島上的城市國家，三百多萬的人口擠在一個非常狹小的區域內。該國期望成為經濟強國，協助亞洲其他國家的經濟，並且成為貿易、企業與財務的標竿。因此，建國元老們認為唯有紀律，才能讓他們在建國初期波濤洶湧的局勢中，成功面臨挑戰並且持續不斷地發展與強盛。

再舉個例子，我有一個客戶就在上述這個國家，也是該國最主要的航空公司，該企業所奉行的典章，也與國家同樣的嚴格。這就是為什麼該公司誇耀擁有最佳飛安紀錄，並且年年被票選為最佳航空公司，幾乎包辦所有競賽項目的原因。該公司從設備、服務到員工的行為等等，絕對不接受任何遜於完美的評價。當發生違反規定的情事時，該公司會迅速、直接並低調地處理。

該航空公司的精神，真是令人感到驚訝。在那裡上班的員工，擁有難以置信的成就感，並且認真辛勤地工作。為何會如此？因為除了「指正」之外，他們也會不斷地「指出」另一種表現。如果有人發現並指出某人做了支持典章，或者發揚典章的優良事蹟，公司就會將這些員工的照片與事蹟，採用張貼、刊載的方式廣為流傳於組織內部。舉例來說，有位員工對一位錯過班機、焦慮不已的旅客伸出援手，利用自己下班的時間，親自開車接送這位旅客往返市區。另一位員工則為了提供財務上的支援而拚命超時工作，目的就是為了能讓一個因為悲劇而被迫拆散的家庭，重新團圓。另一位常駐海外中繼站擔任地勤的員工，其所做所為更是遠遠超乎自己的義務之外：他幫助照護一個打算離開該國的悲慘家庭，甚至把自己的住所提供給這個家庭，做為臨時庇護所。

這些故事與相片，流傳至該公司位於世界各地的每位員工手上。該公司甚至設立一系列極度尊榮的榮譽獎項，專門頒發給將典章精神發揮到極致的這些模範員工們。

我之所以研究這些個案，是因為他們就是最佳的範例，證明當典章愈嚴密時，只要願意「指正」或「指出」（不一定每次都是負面的事蹟！），就會產生更卓越的表現。但是無論如何，執行時依舊要很小心。例如團隊或組織制訂了過多或過於嚴厲的規則時，就會有很明顯的危機存在。庸俗的領導手段，以及錯誤的引用或執行規則，將會對任何團隊產生傷害。同時，也會在人們心中植入恐懼，如此一來，就會完全扼殺創新的思考能力、擁有自主權的自豪，以及解決問題能力。這也就是為什麼團隊中的每位成員都必須勇敢地指正，不害怕他人報復的根本原因。對於以上這段的內容，我將會在本書第七章當中再加以澄清。

在此有數個需要進行「指正」的理由。首先，可以排除妨礙表現的負面行為。這是很顯然的。同時藉著倡導言而有信的精神，就能塑造出人格、榮譽感和自信，它也是凝聚團隊的重要因素之一。

說到指正的必要性，其實還有另一個理由。在制訂規則的情況下，一旦有人違反規定而其他成員並未做出任何表示時，將會發生什麼樣的事情？在一本名為《管理公平因子》（*Managing the Equity Factor*）的冷門書籍中，他們採用「集點」這種說法，來代表所謂「未經指正的違規狀況會產生的結果」。每當人們壓抑自己不滿的心情，醜陋的「集點」行為就會逐漸抬頭；它就像癌症一樣會從內部摧毀團隊，而可惜的是在沒有人願意指正的情形下，這種情況幾乎註定會發生。

在此容我詳加解釋。

如此一來我將會洩漏自己的年紀，但你們是否記得，數年前到超商購買東西，只要消費一定金額，店家就會提供一些綠色的集點券？你不斷地收集這些集點券，並且收藏在一本小冊子內。一旦冊子貼滿集點券時，你就會將它兌換成獎品。團隊裡也會發生同樣的事情，假設你跟我都待在同一個團隊中，而團隊裡有一條規則是說「要準時」。我知道你從未苦等過任何人，也確信你自己每次都必定會準時出席，對吧？哼，才怪！假設我們約好每週一上午八點召開銷售會議。結果第一次開會的時候，我遲到了五分鐘。會議早已開始，而我晚了五分鐘才走進會場。結果會發生什麼事？一般說來，應該是什麼事也不會發生，對吧？當我躡手躡腳地走進會議室，與會的同仁稍微瞄我一眼，會議持續進行，而且沒有任何人說什麼，稍後就會有人來跟我打招呼，這件事情就到此結束了，對吧？其實這整件事最主要的問題在於，就在那個時候，每個人在潛意識裡都收集了一張集點券。

當你腦海中的「小聲音」對自己說：「我以為大家都同意要守時，我也準時趕到。結果布萊爾居然遲到五分鐘，而且大家竟然都沒說什麼！這是怎麼一回事？」的時候，你已經收集了一張小小的集點券。這種情況大家肯定不會陌生吧？因為我也是這麼認為。此時的你，早已收集了一張集點券。接下來讓我們快轉到下一個禮拜，當我或其他人再一次地遲到五分鐘！同樣也是沒人說一句話。所有人在自己腦海中的小冊子內，又再次收集了一張集點券。緊接著下下週又有人遲到，一樣沒有人說話。嘿嘿，集點券再加一張！

我敢斷言這絕對不只是週一銷售會議的問題而已；無法守時的人，通常在許多方面也面臨相同的困難。假設這種情形持續了一段時間，結果有一天你遇到了一個要命的週一早晨——你睡過頭，小孩上學遲到，路上交通一塌糊塗，你的另一半說了一些讓你快氣瘋了的話等等，這次你上班真的來不及了。這時你拚命要準時到達會場，但是這次也許真的很險……真的非常驚險。突然，你腦海中跳出一個想法：「你也知道，布萊爾已經遲到了很多次。法蘭克也遲到過、瑪麗也遲到過，並且還沒有任何人說過一句重話！而我為了準時出席，哪一次不是費盡力氣？！你知道我受夠了嗎？老子愛什麼時候到，就什麼時候到！」就在此時，你兌現了整本冊子中的集點券，這就是 F-18 在半空中開始解體的時候。團隊成員內心氣爆了的同時，開始將情緒轉變成埋怨、不信任、自掃門前雪的態度。集點券造成了有所保留的行動，進而創造了團隊成員懶散的行為，最後形成了不良的結果與惡劣、負面的能量。

團隊不需要等外來的競爭者擊潰他們，因為他們自己就會著手進行。如果你有一套典章，你要有意願暫時面對不舒服的情況，以便日後收割冠軍團隊才能帶來的收穫。我同意這不是件容易的事情，也確信學校絕對沒有教你怎麼做！在學校教的是要你保持安靜、不要妄動、聽話照做等等。因此在這裡提供你一些方針和提示，以便讓指正這件事情變得更加容易一些，也讓它能因此成為團隊例行的作風。畢竟如果遵循這些訣竅，事情將會變得愈來愈容易，直到恐懼與負面情緒徹底消失為止。

1.尋找適當時機來指正！

若在客戶或其他同事面前進行指正，則時機可能不太對，因為當眾羞辱他人，對你一點幫助也沒有。這時他（她）的情緒會高漲，甚至完全聽不進你說的任何一句話。這時候，對方滿腦子都在想著要如何跟你算帳。別忘了，人們對於被公開羞辱的恐懼，遠高於對死亡的恐懼！如果你想得到他人善意的回應，刺激這種情緒，應該不是個好主意。

指正並不是鬥爭。攻擊他人將迫使對方專心想著如何防衛自己、應該如何反擊、以及日後何時才可報一箭之仇。因此只要情況允許，並能對事情有所幫助，建議過一陣子，等大家都冷靜下來以後再來進行指正，這麼一來，你就不會給人太大的壓迫感。此外，用字遣詞和講話的聲調，絕對不能給人有任何威嚇的感覺。

假如你已經氣得七竅生煙、臉紅脖子粗，我保證被你指正的人，絕對聽不到你在說些什麼。一個覺得正在被你攻擊的人，肯定不會跟你講道理；也就是說，任何事情都不可能因此獲得解決。

2.如果你心裡不舒服，要先讓對方了解這種感受！

舉個例子，你可以說：「你知道嗎？要跟你講這些話其實讓我怪彆扭的。從今天早上，我就一直因為某件事情而感到心煩意亂，而且很難開口跟你說。但是，我仍然鼓起了勇氣，因為我認為這麼做，會對大家有所幫助。」這段話不是在「安撫」他人。在談話一開始就先表達出自己的恐懼、情緒和顧慮，不但能稍稍抒解自己情緒上的壓力，通常也都能讓對方的態度軟化一些，並且更有意願聆聽你說話的內容。

3.在進行指正之前，要先獲得對方的允許

直接問對方：「現在方不方便跟你講這些？」如果對方的回答是：「不行，我現在很忙……」，那麼請記得要問對方，什麼時候比較方便。要讓對方給你明確的時間來解決問題之前，請至少先得到對方的允許。

4. 指正的是行為，而不是個人！

我再重申一次：「指正的是行為，而不是個人。」現在請你想想自己生命中那些最重要的人，以及那些你真正關心的人們。如果你真的打算這麼做，那麼你可以對這些人分別說些什麼話，就能徹底擊垮他們，讓他們完全崩潰？你當然能想出一些話，但是你絕對不會如此做。而這就是我想要表達的重點。要將個人的因素剔除，是針對「行為」來加以處理，而非針對那個「人」。你可以藉著把行為本身而非個人當成對象。舉例來說：「看來要大家遵守時間的這個構想，似乎已經產生了問題。我知道大家都同意要準時，但是很明顯地，你有你的困難，那我們到底有沒有辦法可以改正呢？」

「榮譽典章」之所以如此神奇的原因之一，就是你讓典章來規範行為，並讓典章自己執行落實——典章成為公正的第三者，就像是警察。你大可指著典章說：「不是我在攻擊你，典章裡頭是這麼說的，而且你和我都同意這一點。」這時候，對方也沒什麼好爭辯的，而你也從未涉及人身攻擊。這時假使你跟對方說：「你的人生之所以如此可悲，正是因為你始終堅持要這麼做……」，那麼你也清楚這種做法，完全不會有什麼效果。

5. 清楚說出哪裡進行不順利，並且要求提供幫助！

要極力避免「細說重頭」，因為犯不著凡事都要從芝麻蒜皮般的小地方開始講

團隊提示◆讓法則來規範行為。讓典章成為公正客觀的第三方，而不是你自己。

起，只要將所發生的事清楚陳述即可。

舉例來說：「我們講好，所有的會議都要準時出席，而你卻遲到了二十五分鐘，所有人都被你耽誤了。你究竟需要什麼樣的幫助？是否需要事先提醒你開會時間？如果需要的話請讓我知道，我在下次開會前會事先提醒你，這樣我們便能準時開會。」──強調迅速、單純、簡單──把問題解決即可。

在溝通時儘早提供協助。當我經營航空貨運時，公司有個年輕人，他是一位極為優秀的客服人員，但是就是沒有辦法準時上班。其他同仁經常等他，還得幫他處理工作。我們不斷地跟他強調要準時上班，他也沒有任何不敬的意思，但是無論如何就是無法自律。直到最後，我們終於跟他明說：「雖然我們很喜歡你，但是只要你再遲到一次，就請另謀高就，不用再來上班了。」而當我們在團隊會議中討論這個議題時，就有兩位倉管人員高聲說：「別擔心，讓我們來處理。」

隔天早上，兩個體型壯碩的薩摩亞人出現在他家門口，不斷地敲門把他叫醒！他們毫不客氣地闖進去，當其中一位同仁在幫他穿衣服的時候，另一位則開始泡咖啡。他們竭盡所能地幫助這位小夥子準時上班。結果奏效了！我說「徹底的支持」就是要像這個樣子！想不到這位小朋友的行為也因此發生改變！他開始比較嚴肅地對待事情，更加地負責任，穿著也更為專業，而且不用懷疑，他從此以後天天都準時上班……（光是想到再次體驗這樣的晨叫方式，我自己是絕對不敢再賴床了！）由於團隊的協助，讓他可以發揮出自己最優秀的一面。而該位客服人員糾正了自己的行為，讓他開始更慎重、更負責的行事，開始穿上更顯專業的服裝並且準時工作。總之，就是透過團隊的幫助，讓他開始展現自己最佳的一面。

6.改進後能對整個團隊以及被指正的人帶來什麼益處？要確實溝通清楚

「準時」會對這個人帶來有什麼樣的益處？如果團隊成員都能遵照「榮譽典章」行事，整個團隊會有什麼好處？而好處其實就是激勵團隊，時刻追求「更高的境界」。老是在那裡爭論誰做了什麼，為什麼這麼做、以及什麼時候做的等等這類事情還真的會把人逼瘋。大部分的人都希望自己能表現出最佳的一面，而可喜的是他們只是偶爾需要有人提醒一下而已。

7.提醒對方，這是他早已經同意過的事！

記不記得，你們在理性的狀態下制訂了這些規定。這些標準也都獲得你們認同。或許當時在壓力之下他忽然忘了，所以千萬別忘了要提醒他。

容許對方做出回應，並且傾聽對方說話而不要打岔或反駁；此外記得說聲「謝謝」，來感激對方聆聽自己說話！

肯定、認可你所期望的行為！

在往後的日子裡，當人們確實改正了行為，請記得要予以肯定、感謝他們。你無法想像這麼做會產生多大的效果！絕大多數人，一輩子都沒有得到過別人的肯定。如

團隊提示◆談話中使用大量的「我們」。因為你是為了團隊整體利益而發言，並非針對某人。

團隊檢查表（team check）

◆有人違反典章時，如何進行「指正」：

1. 挑適當的時機進行「指正」，但不要間隔太久。
2. 先讓對方了解你內心的感受！
3.「指正」前要先獲得對方的允許。
4. 要糾正的是行為而非個人，要讓典章來扮演公正的第三者。
5. 精確點出違反的情況，並且主動提供協助來解決問題。
6. 清楚說明改正後，能對團隊及違規的個人帶來什麼樣的利益。
7. 感謝對方聆聽，而且當你在聆聽對方的回應時，不要中途打岔。
8. 當你看到對方確實有改正時，記得要加以肯定或稱讚他。

果你想成為一位優秀的隊友、一位傑出的領袖或最棒的家人，有時候你必須叫腦海中的「小聲音」閉嘴，然後大聲地說：「你做得好！」跟他擊個掌或拍拍他的背，任何鼓勵或肯定他做出改變的意願。當然，這個舉動不需誇張，也不需搞到眾所皆知。

當你被人「指正」，應如何處理？

接受批評會讓人感到很不舒服，但在某個時間點，每個人都會犯錯或違反規則。我們都是平凡人，所以當有人糾正你時，你該如此地應對：

1. 先深呼吸！

你是否曾有過類似的困窘經驗？當某人走到你身旁，他尚未開口你卻已經知道他將告訴你，你是如何搞砸了某件事？

我相信沒有人會喜歡這樣。但是身為卓越團隊的一份子，你必須要有聆聽這些話的意願。所以當你碰到這種窘境時，第一招就是要記得深呼吸。此舉看似老套，但是在碰到這種情況時，人的情緒往往會高漲，呼吸會變淺，甚至還會臉色發白。深呼吸不僅可使身體放鬆，並能讓腦部充滿氧氣，不僅可讓你的思路更加清晰，對聆聽也很有幫助。

2.要肯定對方所說的內容，因為對他來說，這都是真話！

對方可能完全搞不清楚狀況，但是至少要體諒對方，因為對他來說，這些話的內容不但重要、也是他真實的感受。而且他還鼓起了很大的勇氣才來對你開口。跟你說這些的時候，對方的內心甚至充滿了恐懼。

3.積極的聆聽

不要心不在焉或者滿腦子開始想要怎麼辯護，也不要想辦法證明自己行為的正當性。你只要單純地聆聽，而且從頭到尾徹底的聆聽。我認為如果你能把對方的話全部聽完，你會發覺自己有可能認同對方想要向你表達的某個觀點。但是，如果你試圖打斷對方，提早準備自己辯護的內容，你絕對不可能把對方所講的話完全聽進去。

4.如果你真的犯錯了，就請爽快地承認！

當你承認犯錯的那一刻起，「指正」就算結束了！問題解決了，大家繼續前進。唯有當人們嘗試著用一大堆理由來證明自己行為的正當性的情況下，大家才會耗上一整天不斷地討論這件事情。在英語當中最具有威力的三個字，同時也是最難啟齒的，就是「對不起」這三個字。

這些話很不容易說出口，事實上很多人根本說不出來。就是有人寧可一輩子在自己腦袋中堅信自己永遠是「對的」，而不願意承認自己的錯誤，更遑論從容優雅地道歉。或許你自己親人當中也有類似的人。但是，如果你願意開口道歉，那麼你對團隊所做出的貢獻，遠比你自己認知的還要高出許多。

如果你真的無法開口道歉，告訴你一招：「就假裝自己是第三者」。換言之，當有人為了某件事指正你的時候，就暫時放下自己，假裝自己是一個正在看著自己的第三者。這招對我很有效。我會置身事外，放下自己，然後說：「沒錯，布萊爾，你這個人渣，你又遲到了！你為什麼有這個毛病？我們要如何幫你改正？」也就是不要從自己的觀點來看待這件事。

5.請教對方如何改正，以及如何向團隊賠罪！

這點非常重要。要立即展現你對團隊的關心。

6.如果對方指正不實（有可能會發生這種事情），只需引用榮譽典章即可

找出特定相關的規則或項目，再次澄清雙方對這條規定的認知，這樣就能和對方達成一致的共識。

7.要真正關切被指正這回事，並且充滿好奇心

如果你真的誠心要維護這個團隊、這場婚姻或者這些家人，當有人對你進行指正，或者你在指正別人的時候，你應該不斷地問問題，確保所有關係者都徹底了解這次指正的前因後果。

你可問：「我的行為在其他人眼中看起來如何？」或者「為什麼你會產生這種想法？」開始問諸如此類的問題，但並非是因為驕傲自大，而是從試圖了解對方的用意這樣的觀點來看待。

如果你能做到以上這些事，甚至只有部分做到，你將會發現自己的團隊愈來愈團結，而且會更推崇這一套價值觀。

高績效團隊的壞處

如果事先不告訴你「榮譽典章」的負面影響，這就是我的疏失。要知道凡事都有兩面。決定不做出指正時，固然會有集點的行為產生；另一方面，也會有人指控你在

指正別人時過於「不留後路」或者「做的太過分了」。但是，如果你希望團隊有更高更好的表現，指正就必須愈直接才能成功。

一如往常，或許有人會憤而掛冠求去。那正是因為有些人就是不習慣要對他人負責，甚至無法對自己負起責任。這種人就會自動離開，被團隊淘汰出局。這些人甚至會有意識或無意識地挑戰典章的界限，看看是不是在玩真的。這時候要有耐心並好好地處理這些狀況。

藉由「典章」來吸引最優秀的隊員

在所有我曾經創辦過的公司裡，我們都拿典章來面試所有的應徵者。假設他們都符合基本要求的各項資格，我們團隊中就會有人跟他們坐下來，把典章介紹給他們，並一一舉出例子來加以說明每一條規定的意義。這麼一來這些準新人就能迅速了解在這家公司上班是什麼樣的情形，以及行為上會有什麼樣的要求。許多求職者認為我們有點奇怪，但你知道嗎？後來那些被錄取並加入團隊的人都全心全意地投入。

我們藉著這個篩選的方式排除了最大數量的應徵者。人們都希望能做出正確的事。他們希望能擁有一套核心價值並在底下行事；但是，一旦他們開始真正了解自己必須許下承諾、自己必須做出犧牲，以及必須有意願承擔這一切的時候，他們就會改口說：「謝了，這不是我想要的，我寧可開著六十三年的雪佛蘭，而不要飛一台F-18

戰鬥機。這樣的要求對我來說太高了。」

你不但要堅持擁護典章，而且還要身體力行。這就意味著要勇於指正。不要再有集點的行為了。有時候人們難免會做出集點的行為，這是難免的。你連這種行為也要加以指正，排除一切的烏煙瘴氣，直接正面處理人的問題會讓你更為堅強。不但可以建立自信心，還會讓你感覺自己無所不能。你征服了自己內心最大的恐懼。這是一種相當棒的感受。

指正自己

最後，如果你正打算凝聚團隊，一旦制訂了典章來做為指導原則，每個人都必須以身作則。這是什麼意思？這代表如果當你不小心違背典章或者行為逾矩（這一定會發生，因為我們都是人），你必須願意當著團隊面前指正自己。指正他人是一回事，但是身為領導者所能做出最有影響力的行為就是指正自己。

如果你公開地在團隊、配偶、小孩、同儕或員工面前這麼做，並說：「沒錯，這是我們大家所同意的，而我搞砸了。我道歉，而且我打算用這種方法來加以改正。」對方會認真把你當一回事。如果你的氣度夠大，同時堅持活出這些價值觀，而且也能做出這樣的舉動，人們就會以你為榜樣。更重要的是，他們能從你身上學到如何指正自己。此時，你對他人生命所造成的影響，遠比你所能想像的還要深遠，大家都會擁

團隊提示◆典章是一個絕佳的面試工具及篩選標準。

有更傑出的表現。這樣一來你就會成為一位偉大的領導者。

團隊練習

1. 討論你們期望達到什麼樣的績效與表現?是不是每個人都認同?務必再三確定。
2. 舉出一些在團隊中收集集點券的實例，以及這對團隊造成了什麼樣的影響。
3. 在特地安排的環境下或者團隊會議中，用角色扮演的方式進行指正並輪流練習。要確實按照步驟進行。
4. 在下次團隊會議中，指出某人優良的表現或是成就。
5. 如果你目前正為有人違反典章而感到困擾，請立刻和這個人約定時間，進行溝通。
6. 請由團隊一起來決定，是否能在其他成員前面直接進行指正。

第六章
教導他人，邁向成功的領導方式

評斷一位領袖的標準有很多。諸如其影響力、感染力、成就與聲譽等等。然而許多人以為僅止於此，以往的勝負紀錄絕非意外產生的。偉大的成就並不是因為施展了魔法，優秀的領導者正是因為具有特定的某些技巧，才能孕育偉大的家庭、企業與團隊。我也確信任何人在自己某些生活領域中，都有在扮演領導者的角色。或許你永遠不會打造出價值數十億美元的企業，但是你還是有可能建立一個溫馨、圓滿的家庭，並且藉此感動並影響著周遭所有生命。

以下是一些需要具備的技巧。

領導技巧㈠：發掘他人長處，引導他們發揮長處

伍迪．海斯（Woody Hayes）自身最大的優點，也正是害他下台的主因。身為領導者，他能迅速且準確地評量運動員的優缺點。他非常擅長把球員安排在正確的位置上，而這也是他為何能組成偉大球隊的原因。

他與打造加州大學洛杉磯分校（UCLA）籃球王朝的傳奇教練約翰．伍登（John Wooden）有著相同的信念——教練再怎麼偉大，如果球隊成員不具備所需的才華，球隊仍然無法贏得冠軍。

想要成為偉大的企業領袖，你必須了解每個人都擁有某些與生俱來的長處，而這就是為什麼人人都具有成功的潛在因子；而你的責任，就是要發掘這些優點並加以發揚光大。

在我們的一生當中，都曾做過一連串的績效檢討、測驗與評鑑，並且根據結果來獲知自己的優缺點。而這些舉辦評鑑的主辦單位，最常給我們的回饋意見，就是要「改善」自己的缺點。暢銷書《首先，打破成規》（*First, Break All the Rules*）的作者馬克斯．巴金漢（Marcus Buckingham）就曾指出，要發掘自己天生的長處就已經很不容易了，更遑論去改變那些別人強加在你身上的各種期望與看法，你是否也同意這樣的論點？

這也是《富爸爸銷售狗：培訓 No.1 的銷售專家》一書的重點。你不需要成為具

有「攻擊性」的業務，才能在生活中獲得成功。不同個性的人就像是不同品種的狗，各自擁有特殊的優缺點；而偉大的領導者可以幫你找出這些優點，協助你發揮利用，並且從中獲利。這些領袖絕不會去嘗試，將方型的釘子硬塞入圓型的孔洞之內。

享有最高待遇的明星球員，往往非常擅長於自己所屬的運動。他們的天賦就是自身擁有運動方面的好本事。而這是他們特別的地方。

偉大的教練會看出這些能力——這些運動員特別擅長的本事，並鼓勵這些人全心全力地開發它們。精心組成的團隊很少會有冗員，因為每個人都在發揮自己獨特的能力，而不會嘗試著去做自己根本不拿手的事。

領導者的才能就在於清楚知道，目前所有需要的職位有哪些？並且看清哪個位置最適合哪個人？然後藉著發現、實驗與執行來輔導隊員進入狀況。為人父母的首要工作，並不是要把小孩塑造成自己心中的理想模樣，或是變得像自己一樣；而是要找出小孩自己，究竟擁有哪方面的長處。

關於這一點，身為父母兼領袖的你，一定要能影響並對他人有所啟發。你知道這是為什麼嗎？因為我們都喜歡從事自己所拿手的事情，對吧？即使有時會很辛苦，但是卻依舊樂此不疲。時間一下子就飛逝過去，等到察覺之時，你可能已經做了好幾個鐘頭。換句話說，興奮凌駕於困難，全神貫注與強烈的情緒取代了分心。請回想從事那些在別人眼裡看來乏味或困難，但你卻渾然忘我、感到無比興奮的事情。

很顯然地，老虎伍茲（Tiger Woods）就是對高爾夫球有著極高的天分。一次偶然的機會，我看到他接受歐普拉（Oprah Winfrey）的訪問。歐普拉問到：「擁有這種天分是否對其他人不公平？因為這使你比別人更具優勢！不需要那麼努力就可以做到……」結果，老虎伍茲以一臉迷惑的表情看著她。

他說：「不，實際上恰好相反。這幾乎是一種詛咒。就因為我擁有這項天分，因此，我認為我有義務將他發揮到極致。這就是為什麼我認為我最大的資產，就是花在練習上的時間比任何人都要來得多，而我的目的就是為了徹底發展這個天賦！」

我有一位朋友曾和老虎伍茲，在同一個時期於南加州學打高爾夫球。他們的年齡相同，也曾在同一個球場打球。

這位朋友告訴我，當時所有的人都恨透了老虎伍茲，因為他在球場上的動作實在太慢了！因為他每次揮桿完之後，都會仔細分析、實驗、評估及詳細檢查N遍才行。這個舉動可把同組打球的人近乎逼瘋了，而且跟在他後面的那一組，往往也會被他搞得非常不高興。但是你認為老虎伍茲會在乎嗎？顯然不會，而且他認為就是要這樣做才對！時至今日，我的朋友打高爾夫球需要「花錢」，而老虎伍茲打高爾夫球，則是要收「出場費」。相信這個故事，應該會對你我有所啟示。

領導技巧㈡：教導的能力

在事業上想獲得巨大成功，其實有個鮮為人知的祕訣，甚至遠比銷售還要重要——那就是教導他人的能力。

所謂領導的極致，就是教導自己的團隊如何成功的能力——這不是在口頭上長篇大論地複誦應該做些什麼、或是告訴他們當初你自己是怎麼做的，而是要讓他們投入、動手練習、反覆操練、挑戰他們，並在過程當中做到親力親為。你無法單看比賽影片而學會打球，也無法完全憑自己被帶大的方式，依樣畫葫蘆就能把小孩養育好。你無法單憑書中的知識，便能學會創業；當然你也無法靠著別人口述，就能成為一位優秀的隊友。我們就是必須被別人教導，才能學會。

我們會忽略這麼重要的觀念，其實一點也不讓人感到意外，因為這就要講到「制約設定」的觀念。我們針對「學習」與「教導」的印象，完全來自於自己的求學階段。其實在學校所體驗到的事物，並不能算是一種教導。

你在學校所學的課業，實際上能記住並運用的內容到底有多少？我遇過少數幾位曾經真正「教導」我的好老師，但是其他絕大多數的老師，充其量都只能算是專業的「說教者」。

真正的教導是要將領導、銷售、激勵與親自參與全部融合在一起。教導是教育進行的過程，教育的字根為 educate，意思為「帶出或引出他人的智慧」。因此，教育並非將資料硬是塞入別人的腦袋！你要當的是一位導師與領袖，而非說教的傢伙！

教育或學習，其實正是一種不斷親自重複操作與發現。舉例來說，經由不斷操練而累積愈多的銷售經驗，你將愈能夠了解應該怎麼做才會有效，進而學以致用並且發達致富。

俄亥俄州立大學裡，有許多全美明星球員都會回來擔任助理教練，但是卻只有極少數的人，能夠成為球隊的總教練。這是因為他們只會打球與展現球技，卻完全不懂得如何教導與領導。而這兩者之間，其實有著極大的差別。

在我們的球團裡經常會說道：「曾經滄海難為水。」換句話說，有些人就是渴望成為明星。這樣的想法並沒有什麼錯，但這跟成為一位良師毫不相關。教導並非要你展現能力或才智，而是要讓團隊中的成員均有所成長，協助他們學習並獲得成功。而這才是為什麼除了極少數的例外，你很少看到專業的體育教練，本身既是超級巨星也是優秀運動員的原因。兩者的能力與心態，其實截然不同。

引發他人學習欲望的祕訣，不在於具備什麼樣的知識，而是教導他人如何學習。而這就牽扯到下一個領導力的要素。

領導技巧㈢：運用錯誤來強化團隊

偉大的領導者知道如何運用錯誤，來增強團隊的力量；反之，則會讓錯誤扼殺了整個團隊。這是因為我們慣用的制約與設定，讓我們覺得犯錯其實是一件壞事。我們自然地厭惡犯錯，這是我們在學校所學到的一項制約；犯錯會讓我們受罰、覺得尷尬、丟臉，並且會在許多時候，讓我們看起來顯得很愚蠢。

海斯教練擅長於發掘他人優點，但同樣地也能看出缺點。在擔任教練最後的幾年中，他花費了太多時間，嘗試改正球員缺點，結果這卻成為他下台的原因。還記得我當年大四的時候，我們史無前例的連續三年進入總決賽，與南加大爭奪「玫瑰盃」的總冠軍賽。賽前他就曾告訴所有球員：「我們只要不犯錯，就一定不會輸球。」

其實，他過度執著於減少犯錯的同時，也將害怕犯錯的恐懼深植於球員心中。球員若在練習時犯錯，他就會怒吼、狂罵、尖叫、責備、踩眼鏡、扯掉帽子或襯衫，甚至推人或打人。

雖然恐懼有時也是很好的激勵方式，但在企業與運動中若處理不當，就會產生破壞性的結果。如果你不斷地在腦海告訴自己：「萬一我搞砸了……」，或是「我不知道能不能做得到……」，那麼遲早你會真的犯錯（避都避不掉），這時你就會自動告訴自己：「看吧！我早就知道會這樣！」

而此刻你就會開始進入，被我稱之為「恐慌」的惡性循環之中。此時恐懼與負面情緒會上升，而智慧與應變能力將會隨之降低。

偉大的領導者皆清楚了解這種態勢，因此會藉由操練如何成功處理錯誤的能力，來教導球員處理這一類的情緒。每一位領導者都要知道，如何教導他人將恐懼轉化成力量與高度企圖心的方法。

在那一次的「玫瑰盃」比賽中，我們隊伍一開始有幾次達陣，獲勝機會很濃。但是我們成了教練心目中恐懼的犧牲品——由於害怕犯錯的恐懼過於強烈，結果很諷刺地促使我們犯下更多錯誤。

最後我們以十八比十七，一分之差輸掉了比賽，結果著實令人心碎。我們吃下敗仗並非缺乏人才，也不是因為缺乏計畫或執行計畫的能力；我們之所以會輸球，是因為整個團隊已被訓練成害怕犯錯，並且這份恐懼強烈到幾乎註定會輸球的程度。

環顧自己的團隊、組織或家庭。這其中可能也有人非常害怕失敗。如果這種恐懼感夠強烈，則失敗就會演變成事實。這些人是否專注於獲勝，還是害怕失敗？這兩者之間其實有著很大差異。

身為領導者，想要建立百戰百勝的組織團體，知道如何察覺到這種心態以及如何輔導隊員，這可是一件至關重要的事情。經由自己的行為舉止，你傳遞給隊員的是何種訊息？當你的小孩帶回一張滿江紅的成績單時，接下來將會發生什麼樣的事情？

從商創業，你一定會不斷犯錯。這時如果你能教導團隊成員如何接受犯錯的事實，並且如何從錯誤中學習甚至自嘲等，你將無異給予他們一個終生受用的技巧，可讓他們在人生中獲得勝利。再者，如果也你能這樣對待自己的小孩，他們長大後就能成為策略性承擔風險與傑出的問題解決者。

1. 彙報

從錯誤中學習的關鍵，在於問題要問得對。進行事後的彙報可以教導人們，把任何狀況都視為一種學習經驗而非慘劇。身為領導者，重點不在於改正、提供建議、說

團隊提示◆利用錯誤來強化團隊的三種方式：

1. 彙報。
2. 慶祝所有的勝利。
3. 知道如何以及何時該喊暫停。

教甚至安慰。而是要問一些優質的問題，讓人們了解到底發生什麼事情？並且負起從經驗中汲取教訓的責任。

至於在任何狀況下，我們皆可利用下列五個問題來進行彙報：

◆**到底發生了什麼事情？**這裡我們只列舉事實，而非個人意見。

◆**哪些事情行得通？**儘可能簡單扼要，不要摻雜個人意見。

◆**什麼事情行不通？**注意這裡的用語。沒有所謂的對錯，只要問行得通還是行不通。你必須回答這兩個問題，因為兩者必定同時存在。

◆**你從中學到什麼？（這是最重要的問題！）**尋找行為或結果的模式，而非獨立的偶發事件。

◆**你可以怎樣加以改正（當犯錯時）或更進一步利用它（當勝利時）？**你最後必須再回答這個問題，否則盲目採取行動，可能會衍生出比原先更多的困擾。

改正一次特殊的案例，對整個過程沒有什麼幫助。舉例來說，旅館的櫃台人員，正在面對一位不斷抱怨自己不愉快的住宿體驗的憤怒客戶。該櫃台人員先前並無與客人爭執的紀錄，所以當客人離去後，問題也就不了了之。在這種狀況下，確實不需要檢討旅館的政策。

但是，如果櫃台人員三不五時地接受客戶抱怨或發生爭執，你就知道櫃台確實出現問題，此時上述辦法中的第五個問題，就扮演了很重要的角色。

整個彙報過程可能需要數秒鐘、數分鐘甚至幾個鐘頭來進行。然而一旦形成常態，就會促使大家勇於擔當責任並且迅速改正，而且絲毫不摻雜個人情緒在內。非常適合用於團隊會議或質疑不符典章的行為。更重要的是，也能避免人們把它當做針對自己而來的指控。

藉著彙報來排除負面能量或恐懼，速度快得令人驚訝不已。在任何情況下，這個方法完全將責任交給犯了錯（或者成功）的人來處理。如此一來可確保責任歸屬，並讓他們自己找出答案與對策。這麼一來能量便會提升，將能更為迅速地勇於承擔風險，並且確實減少錯誤發生。有時你得閉上嘴巴，避免直接告訴大家應該怎麼做，但請你務必要相信我——讓他們自己摸索、學習！記得要輔導與教導，千萬別說教。

彙報能將責任直接置於團隊成員的身上。千萬不要採用居高臨下的方式來進行。你只是真誠地發問即可。經由此種方式，犯錯者多半會承認錯誤，而且也不會覺得自己像個白癡。一如巴克・富勒博士（Bucky Fuller）曾說過：「如你認為某人很聰明，那他最後將會變得聰明無比。」如果你期待他們會成功地從自己所犯下的錯誤中學習，那麼這件事情就會成真。

2.慶祝所有的勝利

身為領導者應做的要事之一，就是教導團隊如何慶祝勝利，即使是最小的勝利亦然。因為這麼做將可強化爭取勝利的行為。

我在這裡並不是在講如何安撫團隊，而是稱讚他們把工作做得很好，而且態度必須出自真心。當你自己的小孩在很小的時候，你也要這麼做，藉著鼓勵、認可與支持來強化你想要他們做出來的行為。而且這個方法確實很多！他們精力充沛、渴望勝利，也喜歡你這麼做——但是由於某種原因，我們不會如此對待其他人。

反而我們開始認為：「理當如此」、「這本來就是你的工作」等，或者回到累積集點券的心態：「上次又有誰來幫我慶祝勝利？」

感激與認可他人所做出的努力，是你能給予別人最具有影響力的禮物之一。事實上，哈佛大學對於獎賞計畫與金錢獎勵制度，所進行的一系列個案研究即可顯示，金錢對於加強長期顛峰表現，其效果將遠不如只是單純表示感激。

多年來，在我指導過的組織中，這種方法是最強而有力，卻也是企業文化上最難加以改變的地方。嘗試著利用簡單的握手、擊掌、輕拍背部或者說聲「謝謝」並且持之以恆，成員展現出來的活力與成果，將會令你訝異萬分。

3. 喊出暫停

在任何美國職籃季後賽中，只要比分一接近，你就可以看到另一種技術。這往往會花上十五分鐘或更久的時間，才能將剩下不到兩分鐘的比賽打完。為什麼？

這是因為雙方永遠都在「喊出暫停」。

這時候，他們會重整隊伍、重新擬訂策略、進行檢討，並全力調整能量與心情來增加獲勝機會。有時沒有什麼特殊原因，只是希望讓他們重新振作，避免球員掉入負面的惡性循環之中。

知道何時該喊暫停，是一件非常寶貴的技巧。針對你的團隊、家人及生命中最重要的人，你必須知道何時該喊暫停，否則活力將會下降、負面情緒會隨之上升，甚至極有可能嚴重損害彼此的關係。

當我問組織與團隊，是否會採用彙報來檢討經驗時，大多數都會回答「是」，但是他們將其稱之為「事後分析」！這個帶有「事後」意味的字眼，竟然是用於形容學習過程當中最關鍵的步驟！而該名詞所隱含的負面意義，代表的就是在事情結束後才去做，往往已來不及做任何修正了。但是在比賽進行中或面臨高壓的情況下，如果能及時喊出暫停並且重新整頓，你往往就有機會在當下獲得成功——而不是再等到下一次的機會！

只需花數分鐘即可。當大家的情緒會左右重要的決策時，決策的品質就必定欠佳。而且如果你是領導者，其他成員將會以你為榜樣，故而最好喊出暫停——這其實也不需花費很長的時間。一旦團隊出現混淆、失望、惱怒、悲傷或冷漠的徵兆時就停止，並且喊出暫停。如果你的觀察夠敏銳並能防患於未然，你將會訝異自己能提早釐清多少事情，並且提振多少的活力。

順帶一提，身為領導者，你不需要知道如何「處理」所有事情。這是一種迷思，只要你能喊出一分鐘的暫停，讓壓力稍微緩和，並讓情緒下降，相信大多數人都能想出解決方案。這時候每個人都能清楚思考，並讓自己再次成為傑出的人才。

這就將我帶回到偉大領導者所具有的另一種特質上……

領導技巧㈣：創造並維持互動的頻率

與團隊成員維持互動頻率，可以培養信任感——最好是採取一對一的實際接觸，甚至可以面對面或打電話。如果不這麼做，成員將會變得無所適從。他們會忘記自己為何工作、並且逐漸淡忘肩負的使命。我們都是人，因此需要人與人之間的接觸。唯有如此，我們在對人與名字上才會有真實的感受產生，而非只是組織圖表上的某個標籤而已。整個過程具有人性，你也可以感受到團隊的精神與熱情，而非只是PowerPoint 簡報上所列的一項重點而已。

這對家庭來說亦然。這就是為什麼會有那麼多的家庭，固定要於週日晚上共進晚餐。就在此時此刻，每個家庭成員可以相互聯繫一下，重新了解彼此並且重新「充電」一番。我父親總是堅持整個家族每年必須聚會一次，而我每年都會為此略做抵抗。但是你知道嗎，這個方法確實有效。所有人都會好好享受這個聚會，並讓家人之間更顯親密。

不可以仰賴電子郵件，因為這麼做就太容易了。有些人在電子郵件中所說的話，絕對不敢當著他人面前說出來。你是否曾經收過附有敵意的電子郵件？如果有一件非常重要的事情，迫切需要獲得他人承諾時，你應該要先痛下決心直接與團隊夥伴聯繫。你將對結果感到驚訝不已，或許他們可以不小心「沒收到」電子郵件或擺錯位置，但是他們絕對無法否認，你和他們之間面對面的對話。

你絕不會派遣尚未經過充分練習的美式橄欖球隊去參賽。因此，當團隊尚未建立頻繁互動，你怎能期望他們達到顛峰一般的績效？無論是在一次簡短的會議、度假旅遊、電話會議或只是共進午餐時，對於任何團隊的成功，保持緊密的聯繫是至關重要的事情。

領導技巧㈤：有遠見，並有能力溝通未來的希望與可能性

我在這裡所要討論的並非「靈媒」的角色。我所說的是具有「一窺全貌」的能力，也深知對整個團隊以及每一個組成份子來說，到底什麼是最終的勝利。團隊的終極目標是什麼？人們總是需要知道理由，才能辛勤工作並且全力投入。

每個團隊都應該要有長期與短期的目標。按時達成這些目標，可讓所有人都有機會慶祝勝利。偉大的領導者都知道，任何人在壓力和困境之下，都有發揮最佳才能的潛力。但是這些逆境，有時的確會讓人覺得無法應付。當團隊奮力在黑暗中摸索時，在隧道盡頭等待他們的希望之光到底是什麼？找到這個問題的答案，是任何領導者將

面臨的挑戰。

歷史上最偉大的領導者都具備這項能力。馬丁路德・金恩博士（Martin Luther King, Jr.）又比其他人更勝一籌。他的「夢想」或對未來的願景，至今仍然能感動許多人。他曾說：

「我有一個夢想，有一天這個國家將站起來，實現其立國信條的真正含義：『我們認為這些真理不言而喻，人人生來平等。』我有一個夢想，有一天在喬治亞州的紅土丘上，從前奴隸的子孫和以往地主的子孫能平起平坐，改以兄弟相稱……。

我有一個夢想，有一天，我的四個孩子能生活在一個不論膚色，而是以內在品格做為評斷的國度裡。」

即使在他被刺身亡的前一晚，他仍然懷抱著這個遠景。他說：

「跟一般人一樣，我也希望長命百歲。長壽在我心中當然有一席之地。但是我目前在意的不是這個。我只想活出上帝的旨意罷了。祂也恩准我爬到山顛之上。我也看到了山後的景象……我看到了應許之地。或許我們不能並肩到達那裡……但是今晚我要讓你們知道，身為人類，我們一定會到達應許之地。因此今晚我很快樂，在我心中沒有任何擔憂。我也不懼怕任何人。我確實已經親眼看到天主降臨的榮耀！」

金恩博士知道描繪如此光明的未來，必定能引發人性最佳的一面。他與其他相似的領袖們，藉著鼓勵他人承受壓力與面對逆境，來激發人們的最佳表現。唯有經歷這樣的過程，人們才會學習、成長並成就偉大的事蹟。

不要誤會，所謂的領袖並非代表你必須像金恩博士一樣。但是毫無疑問的，偉大的領袖都是藉著以身作則來領導他人。偉大的領導者都願意面對挑戰、指正違規並且迎向困難，藉以激發出自己及整個團隊的潛能。

領導者應具有溝通、說服與銷售的技巧。馬丁路德·金恩博士、約翰·甘迺迪總統（John F. Kennedy）、聖雄甘地（Gandhi）、羅斯福夫人（Eleanor Roosevelt），以及史上其他偉大的領袖，都曾經向上百萬人推銷過夢想與遠景。領導力就是在說服他人達到最佳表現的一項能力。約翰·甘迺迪總統在發表關於「太空計畫」的演講時，曾經說道：

「有些人會問：為什麼要登陸月球？為什麼要以此當做目標？他們可能也會質疑，為何要攀登最高的山峰？三十五年前為什麼要飛越大西洋？為何萊斯（Rice）不斷挑戰德州大學隊？我們選擇要登陸月球。我們選擇要在這十年內登陸月球並完成許多事情，並不是因為它們很容易，而是因為這些事情很困難！因為這個目標會促使我們動員並且衡量自己活力與能力的極致。這也是我們願意接受、不願延後並打算獲勝的一項挑戰，這對於許多其他挑戰而言，也是如此。」

甘迺迪總統藉著一個非常艱鉅的任務，來挑戰美國的公眾視聽。他也曾說如此一來即能激發全體國民的最佳表現。你難道不希望你的團隊、你的小孩、你的員工以及你自己，也能接受同樣的挑戰嗎？

領導技巧㈥：銷售的能力

你應該有注意到，無論是在企業界、政界、體育界或家庭中，每一位偉大的領導者都具有銷售能力。銷售不只限於和客人進行買賣。而是要使廠商、貸方、投資人、職員及監察者等人信服並支持你的團隊。銷售也包括說服自己，用來建立領導時所需要的自信和勇氣。

在《富爸爸銷售狗：培訓 No.1 的銷售專家》一書中，我主張每個人都有能力進行銷售；這意指推銷遠景、宣揚態度、介紹典章，或者只是將觀念灌輸給團隊成員。他們也必須向其他團隊與主管機關，推銷自己團隊的工作與努力成果，人人都變成團隊的發言人。最後，通常都是由最會銷售的人接手掌管該組織。

銷售中最重要的領導型態，就是將別人推銷給他們自己（學會接受自己），強化他們自己的信心、力量與精神。

典章的模範

最後，凡是有關榮譽典章的一切當中，領導的最高境界就是當你知道自己違反了典章時，有意願指正自己犯下的錯誤。

這點你早就聽說過了，你必須言行一致，不能說一套做一套。你必須身體力行。

要以身作則。追根究柢來說，只要你有勇氣這麼做，其他的人就會把你的話當真，並且會因為你的謙遜與力量而有所啟示。願意公開暴露自己的弱點與擔當，就是在展現卓越的領導力。然而由於害怕丟臉，使得多數的政治家、企業主管及個人無從發揮這個非常重要的力量。

領導者必須徹底成為典章的擁護者，其中最強而有力的表率就是他指正自己的時候。領導者並非典章的執法者，但是他必須全心全意地服膺典章。這是因為領導者如果想要領導團隊邁向動盪與不確定的未來，往後遭遇逆境時，必須仰賴典章來做為團隊的指導原則。如果沒有典章時，人人會遵從自己各自的規章，這麼一來除了自己之外，對其他人沒有任何好處。

每個人都能成為領導者

我主張每個人都能領導，且每個人在人生當中的某些時段都必須挺身而出。並非每個人都要領導一家跨國企業，也不是每個人都要能領導五口之家。但在每個人在自己的生活當中，都有機會成為領導者。坊間有關領導力的書籍汗牛充棟。有所謂「第五級領導」、僕人領導者、魅力型領導者皆是。有些領導者是用鞭策驅趕的方式領導、有些是用身先士卒的方式，也有的是走入人群「混世和光」等，不勝枚舉。

我認同的是自己稱為「輪盤式領導」的觀點。小白球遲早會掉在屬於你自己的號

團隊檢查表（team check）

◆加強培養你在這方面的能力：

1. 發掘及充分發揮他人的優點。
2. 教導他人如何成功。
3. 利用錯誤，來使團隊更堅強與茁壯。
4. 經常透過互動來建立關係與持續性，更重要的是產生信任感。
5. 提供團隊符合實際的推廣與夢想，但前提是必須具備美好的未來遠景。
6. 銷售。

碼上，屆時你就有機會提供指導、啟發、支援、教育或者是建議。雖然人們都希望可以獲得多一點的機會，但是真正的關鍵在於你當下是否有勇氣站出來扛起領導的責任。或許你這位領袖並不具有大家「普遍」所認為應該有的樣子，但是你依舊得負起責任。

我們都具有自己的天賦才能。然而此生的目的就是要發掘出來並充分展現這些能力。當你這麼做的時候就將自動成為一位領袖。並不是因為是你自己渴望要成為領袖，而是因為你很自然地發揮最擅長的本事。一旦如此，其他人就會開始追隨你並向你學習。

想要打造卓越的團隊，你必須領導。或許你沒有被指定為領導者，也許可能會。無論哪種情況，你必須推銷自己的理念，教導他人如何更上層樓，並召集自己的團隊。在本章中，你已經知道自己不需要成為艾科卡

（Lee Iacocca）才能領導他人，也無需擔任職業美式足球隊的教練，你更不需要具備超人的能力，才能學會並運用領導的技巧。但是，往後每當你運用以上的這些技巧時，你自然地就會成為一位領導者。

團隊練習

1. 聆聽偉大領袖們感動人心的演講。仔細聽他們的遣詞用字、策略與激勵的話語，模仿那些符合自己的策略。
2. 把握所有機會練習「彙報」的模式，並將此模式教給其他成員。留意在擔當責任這方面，於態度上所將產生的改變。
3. 找一些簡單的方式來慶祝勝利，無須過度誇張，但是要充滿活力。例如運用擊掌、握手等方式。練習時態度一定要真誠，而非一味地恭維。
4. 下週至少喊出兩次暫停，並且檢查隊員的情況。

第七章
「榮譽典章」最大的衝擊與影響

正如我稍早所說，有幾個必須擁有「榮譽典章」的理由。其一就是，要設立團隊行為舉止和品行態度的標準。若想達到更高的績效表現，典章自然就應該擁有更嚴格的規定。典章可以排除個人自行假設的預期心理，它之所以被稱為「榮譽」典章，正是因為它包含了我們嚴肅看待、承諾服膺並且堅持信守的規則。換言之，我們就是在以身作則，成為象徵榮譽的徽章與配飾。

必須擁有典章的第二個理由是，其涵蓋了更為廣大的範圍與重要性。每個團隊、家庭、組織、文化或國家，都有必須擁有典章的理由，而理由就在於其構成份子的行為，會對其他成員造成直接影響。沒錯！無論你怎麼想，純屬你個人的行為的確會直接或間接地影響其他人的生命，畢竟任何人的行為，都不可能完全與世隔絕。不論你是遵守自己的標準與規則，或是違反它們，在在都會波及到周遭的其他人。

在此以「準時」這條規則來舉個簡單的例子。你遲到五分鐘，會造成什麼樣的後果？真的是罪不可赦嗎？情況或許沒有這麼誇張，但真正的問題產生於——你已經影響到正在等你開會的其他幾位夥伴寶貴的時間與精力。遲到不只是影響生產力，而是你已從懂得珍惜時間的人身上，剽竊了一個多鐘頭的時間。縱使這些人並未真正地在等著你，但是他們腦海中的「小聲音」多半會說：「布萊爾到底怎麼了？他到底要不要認真投入，還是怎樣？難道他忘了開會時間嗎？我希望每個人都要遵守相同的規則……」等等。那樣真是浪費許多大好精神！

假設我個人擁有一條規則，是「直接找當事人處理」，那表示如果我對某人有意見，我會直接找當事人一起來解決問題。這也表示，我不會在別人面前搬弄是非、陷害背叛或者貶抑這個人。但是暫且假設我與妻舅之間有些令人不舒服、尚未講清楚的過節。如此一來我可能會告訴自己，惟一受到影響的是我自己，或許還有對方本人。但實情並非如此。因為此時我已經影響到我太太與她自己哥哥之間的關係、我小孩與（可能是）他們最喜愛的舅舅之間的關係，以及雙方小孩相處的關係……你了解我在說什麼了吧？

這種情況也必定會發生在那些，從未直接處理問題的企業團隊之中。它不僅會影響團隊的生產力、製造緊張矛盾，並讓所有成員覺得「每當冷戰雙方都在場，或當懸而未決的議題無法解決之時，自己的行為必須像是如履薄冰一般地小心，以免製造出更多的不和」。而這簡直就是浪費精力！

你的所做所為在某種程度上，都會影響到身邊周遭的人。千萬別小看自己所建立並堅持遵守的那些規則的重要性。

你正在傳遞的訊息就是——自己覺得哪些事情才是重要的？當你或團隊最終獲得地位與成功時，他人就是據此以你為榜樣。

體育競賽就是典型的例子。想像一下，在一場重要的「大學盃」美式足球賽開打前一週，球隊的明星球員在大賽前兩天，竟然違反了球隊的「榮譽典章」。這下子問題大了，因為牽扯範圍既廣且深。這時教練必須要有所決定，是要睜一隻眼閉一隻眼，讓該明星球員依舊下場比賽？或者是徹底執行球隊「榮譽典章」中的規則，讓該明星球員在這場比賽中坐冷板凳？教練心中的壓力的確非常之大，而各家媒體、體育記者與球迷們，更是為此爭論不休。

比賽的日子到了。兩支擁有非凡人才的球隊，列隊準備開始比賽。該隊教練經過深思熟慮之後，決定讓該明星球員下場參賽。你想：哪一支隊伍現在比較具有優勢？沒錯！你猜對了，正是另外一支隊伍。比賽上半場中，這位具有爭議性的球員表現糟透了。不僅如此，整個球隊也因為一些奇奇怪怪的原因而失去協調。比賽到了最後，塵埃落定……他們輸掉整場比賽，但其實該球隊喪失的不只是一場比賽，他們也賠上了自己的榮譽。

該隊的教練本來有機會表達立場，展現領導力並塑造人格。但是他屈服於「不計代價，必須贏球」的壓力之下。他沒有考慮到如此的決定，會對其他成員造成影響。

他反而傳遞了「規則沒有那麼重要」、「假若你是明星球員，你就可以按照自己的規則行事而不用受罰」等等不正確的觀念。這項決定造成了球員之間的磨擦，讓球隊因此脫序，甚至嚴重地傷害了一個偉大球隊與教練的聲譽。

輸掉比賽只能算是後果。對於那些數以千計、視大學球員為典範的年輕、壯志凌雲的運動員，又該如何是好？他們對該項訊息的解讀又是什麼？是說如果自己是明星球員，就可以不受規則的約束嗎？

如你所見，我可以繼續不斷地引申一些意義出來，但重點是在於決定不遵從規則所造成的影響，遠比只是當天在球場上打球的那些人來得大。

你也可在體育界、企業界、娛樂業以及政治界中，找出類似的例子。問題在於——你所做的決定，以及自己是否全心遵從典章，如何會連帶影響到其他的人？

而這就帶出「榮譽典章」的另一個重要層面。身為團隊、家庭或個人，典章無異就是自己的化身。你所做的每個決定，在某種程度上必定會對他人造成正面或負面的影響。典章不只是管理團隊，它也確定會對社區、市場以及所有其他生命，產生直接或間接的正面影響。

對新成立或小規模的公司來說，有關這一點更是生存的關鍵。團隊的行為幾乎就算是一種聲明，它能直接奠定自己在市場上的地位。如果你的內心擁有極高的標準，但是卻無法真誠對待廠商、同事與其他人，如此一來你將無法存活很久。你為團隊制訂的典章，同時也必須是你實際在商場上所使用的典章。

如果你公開宣稱公司將維持某些標準，但是你又允許這些標準被人侵害，這無異是對市場發布了這樣的訊息——你說話不算話、你不能被信任，以及某些人可以「不受規則的約束」。

最重要的是，如果不依照自己規則行事的公司數量夠多，這等於在告訴整個市場，規則並不重要。而這麼做的問題在於——因果循環的定理。如果你自己違反規則，與你對抗的人們，總有一天也會違反規則來對付你。這將在市場上不但是首開先例，並且還會因此形成一種惡性的慣例。

美國建國的基礎，奠基於堅實的「榮譽典章」上。而這份典章就被稱之為《獨立宣言》以及旋即制訂的美國《憲法》。美國的開國先烈們，在生命飽受威脅之下簽署了該份文件。

美國的確擁有一套紮實的典章，就如同其他國家一樣；但是，萬一被人民選出來要負責捍衛、支持這套典章的人，正是違反這些規則的一群，這時又會怎麼樣？

面對現實吧！我們難免都會犯錯。我在此很坦誠地跟各位說：「我無法在水面上行走，也不是聖人，而且我這一生中確實出過幾次大紕漏。」跟其他人一樣，我也曾投機取巧，也曾食言而肥，我也很確定自己對於過去那些行為感到慚愧。然而，根據我自己所訂下的典章規定，我願意自己來指正自己，我也願意接受他人指正，無論如何就是要承認錯誤並設法彌補。

領導的最高層次就是願意公開指出，自己違反了規則並加以道歉。美國可說是全球選民投票率最低的國家之一，這是因為許多人民均對政治人物失去信心。雖然我們不能一竿子打翻一船人，說所有的從政者都是壞人；但很不幸的是，少數違反典章的傢伙，損壞的往往不只是規則而已。他們同時也毀掉了大家對他們的信任。

信任是經由長期的「言出必行」孕育而成。我在這裡想表達的重點是——每當你違反了「榮譽典章」，尤其是你又不直接面對並加以處理時，你就破壞了自己團隊，以及跟你有往來的其他團隊，對你的一份信任感。此時你在對他們傳遞的，就是「你這個人不可靠」的訊息。要贏得他人的信任，是需要透過時間催化、持之以恆，並且做到言行一致才能為功。信任感一旦被破壞，想要挽救將會是一件非常艱困的挑戰。

在多數的企業醜聞中，該公司是否備有典章或規則並非問題的所在，其癥結在於人們是否有遵守典章，以及遇到違反典章的情事時，是否皆有進行指正。我們的內心必定會有這樣的疑問：「如果他們連自己的帳面都無法做到誠實以對，那麼對於其他的事情，還用得著說嗎？」

或許有人會認為，這是有關倫理的問題。其實倫理是個充滿情緒的字眼，我在這裡想要簡單地強調，藉由觀察受到該決定（或行為）正面或負面影響的人們、企業與社區的數量，你就可以衡量該決定（或行為）真正的價值與力量。

這不僅是你自己企業成功與否的關鍵，同時也和你自己的聲譽，息息相關。

倘若能獲益的團體愈多，這就表示該行為或決策效果愈佳。以本章美式足球比賽的例子當中，教練誤判局勢，讓明星球員上場的決定，似乎只對他自己以及該明星球員有所幫助。但卻對整個球隊、比賽、大學以及年輕球迷們產生了負面的影響。這就是為什麼要有典章的原因。它可以確保我們在遭受極大壓力的時候，仍然能做出長期對多數人最有益的決定。

不幸的是，我可以舉出許多體育方面的例子，來證明因為違反球隊規定，而對球隊整體表現產生負面影響的實例。我也可指出許多偉大教練的例子，他們沿用同樣的球員，並且徹底實施原本不存在，但是簡單的練習規定與個人行為上的準則，因而將瀕臨解散的球隊轉變成常勝軍。

你在團隊中所做的每一個決定，甚至你為自己所做的決定，都會產生所謂的「漣漪效應」。而這些「漣漪效應」有哪些？當有愈多的團體、團隊以及個人因為該項決定而獲得利益、鼓舞與激勵，那麼該項決定就將愈發傾向於正面。

你必須捫心自問：自己公司的政策與行為，是否只對公司本身有益，但卻傷害了其他社會大眾？是否有愈來愈多的團體因為你的決定，而遭受負面的影響，導致你所能獲得的支持者就會愈來愈少。

如果你以不公平的方式對待自己的配合廠商，藉以增加公司盈利，那麼聲譽良好的廠商，將不會願意與你的公司往來；你甚至可能在自己從未想過的地方，製造出許多的怨恨與報復心。

另一方面，如果有更多的個人、團體與對象，因為獲得你的支持、推崇與拉抬，則市場與社群回饋給你的獎勵將會更多。如果你的公司支持正面的社區活動，贊助教

團隊提示◆藉由觀察因為某個決定，而受到正面或負面影響的人們、企業與社區數量，你可以衡量該項決定的價值與影響力。這對於自身企業的成功與否，以及你自己的聲譽來說，都非常重要。

育活動或真誠地回饋鄉里，你將會吸引其他也同樣支持這些活動的企業與客戶，一同加入。

假設某家公司興建工廠，它等於創造了更多的就業機會。很好！如此可增加盈利並且造福股東。也很好！但是該公司對員工非常不好，離職率高居不下；公司也因為可疑的作業方式，而與環保機關屢次產生摩擦。這種行為若不加以改正，則很難令人相信該公司是否還有未來可言。

你是否曾見過一些看似成功的個人或公司，但是其他人認為他們的成功是由於踐踏或犧牲他人的利益所獲得？這些人或是公司的最後下場，又是什麼？不妨自己去查查紀錄吧！

如果你下決心要永續經營，那麼除了營利的考量之外，還必須考慮其他許多因素。如果你表示將公平經營並且尊重他人，那麼最好是要針對所有人來說，而非只是你的顧客而已。

舉例來說，以最近獲得《財星》雜誌（*Fortune magazine*）評定為「最值得效力的企業」的公司 J. M. Smucker & Co. 為例，該公司闡揚的企業文化包括「完完全全注意地聆聽、找出他人的優點、要有幽默感」，並且「在他人表現良好時說聲謝謝。」

這些企業所設計出來的典章，原意不僅是為了達到顛峰的績效與獲利，同時也讓員工感覺到，他們是以勝利者的方式來互相對待。經營管理者知道，這對公司將會有所助益。

有些成功企業如 Ben & Jerry 冰淇淋公司，早自一九七八年起，便將高於該公司稅前盈餘百分之七十的利潤，捐給那些支持其他非營利組織的基金會。該公司的部分生產線，也陸續捐出部分營收拿來做為贊助環保之用。即使該公司現在是由聯合利華（Unilever）公司所擁有，但是他們仍然持續回饋地方社區、倡導環境議題，並視員工如同家人一般。

「富爸爸」集團（RichDad）也將「兒童版現金流遊戲」（CashFlow for Kids），免費提供給國內任何希望支持小朋友們獲得財務知識的學校或教育機構。

還有許許多多、不勝枚舉的傑出企業與公司，刻意制訂類似的決策，並且透過該公司的業務、政策與利潤，來確保社會各方都能有所獲益。他們所訂的規則均適用於他們直接或間接來往的人們。這類的公司包括人們希望為其效命的公司、志願以各種方式支援地方社區的公司，以及提供金錢並且協助各項重要的公共議題、基金會與活動盛舉的公司等等。

有趣的是，這些因「最佳×××……」而榜上有名的公司，大部分都早已將這些價值觀與規則，全部納入自己公司的典章之中，因為他們自己本身就是這樣的人。

典章的設計，是要用來保護成員免於遭受不利的對待方式與行為。同時也是用來保護團隊以外的人，讓他們也可跟著獲利。世界上那些偉大、並存在已久的機構，都是不懈怠的、謹遵其「榮譽典章」，方才得以持續邁向不朽的境界。這對於任何國家、宗教、跨國企業，甚至轉角的小小汽車修理廠而言，都是如此。然而，如果逐漸出現違反典章，或是未能一致遵守這些規則的行為，陸續增加之時，往往就會開始產生懷疑、批評與缺乏尊重。我相信你自己也能舉出不少這樣的例子。

那麼，你要如何在自己的團隊中下手？

當你制訂公司政策、規定與典章時，皆要精心策劃這些決定，藉以確保整個企業、團隊、供應商以及客戶群，都能和你一起達到「多贏」的地步。但是，如果你希望體驗熱情擁護者最瘋狂的支持，那麼就要確保你自己當地的鄉親們也能贏。我知道這聽起來也許有點老套，但是最優秀的公司，多半都會竭盡所能地回饋對他們有所貢獻的鄉里。而且格局若是愈大，你所能得到的支持，就會愈多。

偉大的家族也是如此。如果你告訴小孩子不可說謊，但自己卻逃漏稅或不信守對孩子的承諾，那麼他們將會仿效你的行為，甚至是終其一生地都用這種態度在對待他人。總之你最好是留下一些正確言行，藉以做出一個好榜樣給後代。

在我成長的過程當中，被加諸許多當時我並不明瞭的規則。其中有很多規則看起來像是沉重的負擔，而我一直不斷地抗拒這些規則。但是這些規則一直在傳遞一個訊息，也就是我祖父母常告訴我的——如何「替他人著想？」就憑著這條指導原則，就讓我的祖父從貧窮變成富有。它遍及所有企業的決策之中，這個訊息一直在我的工作與生活中引導著我，並且幫助了其他數以千計的企業一臂之力。

你對你的家庭、企業、團隊或自己，灌輸了什麼樣的訊息？你的典章是什麼？無論你是誰，你的典章將會影響到其他人——你的廠商、你的客戶、你的社區以及整個業界。有時候，我們太專注於制訂對自己團隊或企業有利的決定，結果卻忽略了自己的行為，將會如何地影響到其他的同胞們。

貫徹自己的典章不只是為了個人利益，同時也是為了那些無數個，你直接或間接接觸的人們；而這就是你的名聲，也正是你將留給後世的榜樣。藉著它說明了你這個人的格局有多大，並且影響了多少的生命。你愈能正面地觸動他人，你將愈能獲得巨大的收穫。

團隊練習

檢視自己所訂下的規則。

1. 有多少不同的對象，因這些規則而獲益？
2. 環顧自己的社區。是否有一些看似成功的公司行號或是個人，卻屢遭譏諷為是「犧牲他人利益才獲得成功」的例子？而這又連帶產生了何種影響？
3. 你希望別人如何看待自己的企業？
4. 討論一些能對其他許多人，產生正面漣漪效應的組織與範例。
5. 你的規章對於自己周遭相關的人們，傳遞了什麼樣的訊息？

第八章
如何確保擔當、忠誠與信任？

從本質上來看，當你在制訂典章的時候，你正在替自己和團隊設立行為和績效上的新標準。因此你必須要決定，標準究竟要訂多高？你準備每週健走一哩，還是每天跑一哩？你想制訂多麼嚴謹的典章？想達成什麼樣的績效？是想要駕駛一台 F-18，還是開雪佛蘭跑車？

除非人們願意承擔責任，要不然，規則和標準根本一點用處都沒有。要讓大家有所擔當，最簡單的方法就是利用數量化的方式，來追蹤記錄他們的活動與成果；換句話說，就是追蹤他們的統計數字。容我對此做出解釋。

人們經常問我，刺激業務最重要的因素是什麼？我通常會笑著回答他們：「就是每個禮拜一的業務會議。」聽到這邊，他們往往會用奇怪的眼神看著我，因為他們想從我的口中聽到的，其實是狡黠的策略、戰術或技巧。只是實情根本沒有這麼複雜。

多年前，我剛開始在優利士（Burroughs）從事業務工作的時候，我們固定於每週一上午八點都會舉行業務會議。那時候，會議中完全不會有任何煽動性的演說，宣布刺激業績的獎勵辦法，甚至是特別來賓、銷售訓練等活動出現。而大家唯一要做的事情，就是把自己潛在的客戶名單公布在牆壁上，然後放在團隊面前逐一檢視。你必須介紹每位潛在客戶的近況、業務推進到什麼程度、預計還要多久才能成交、以及自己得做哪些努力，才能加速促成這件事情。此外，你還必須在團隊面前，公開宣布自己本週預計達成多少業績，以及打算用什麼方式、從什麼地方，獲得更多潛在優質客戶的珍貴名單。

請老天爺憐憫那些，連續幾週都公布相同潛在客戶名單的業務員。全場同仁會對你喝倒采，甚至是噓聲四起地把你趕出會議室。我發誓每週四和週五，都是業務最工作態度最積極也最忙碌的時候，因為沒有人會想在下週一，向大家說自己始終跟進的都是同樣一群老客戶，使用的依舊還是那套了無新意的爛策略！

根本就不是業績獎金的問題。擔心會被當眾羞辱（記不記得恐懼以什麼為首！）才是激勵我們的原因。而且非常有效！為什麼？因為這個就叫做「擔當」，這就是對自己所同意達成的結果負責。在此，我並非在倡導徹底且全面地公然羞辱這回事，但是能讓團隊和成員成為執牛耳的人，重要特質之一就是要有擔當。你是否願意承擔所有的結果，不論好與壞？你是否願意獻身於自己的學習、健康、家庭、朋友與團隊？你是否會致力於達成自己的承諾和預期目標，並對自己的成功、錯誤和失敗負起完全的責任？

我從來沒見過任何偉大的運動員或企業家，不具有相當程度的擔當。一旦你願意設立標準，並且要求自己和他人擔起這些責任時，大家投入的狀況就會完全不一樣，而這就是落實執行典章時所產生的結果。那麼，為什麼人們不喜歡擔當責任？這是因為有時真的不容易做到。沒有人希望在面對鏡中自己的影像時，承認自己沒有達成願望或他人的期望，甚至是對自己感到失望。而要避免失敗最簡單的方法，就是絕對不讓自己發生失敗；而最簡單的辦法，就是不要設立任何標準，也絕對不承擔任何責任。畢竟如果不用承擔責任，恐怕你連鏡子也都可以不用照了（例如反省）！

如果我要減重，但是我就是無法把自己拖到健身房裡頭，這時候責怪自己充滿壓力的行程表，或者別人不應該對我有這樣子的期待等等，會比直接承認自己懶惰來得簡單許多。我說的沒錯吧？擔當可能會讓人感覺不舒服、感到羞恥和困窘，但是一旦做到了，往往就會讓你驕傲不已。而且，如果當你獲知，連我都沒有辦法對自己負起責任，你會想要我加入你的團隊之中嗎？

各個層面中的卓越，其實都始於勇於擔當責任。身為父母、伴侶、老闆、領袖、隊友或者友人，誠實地反省自己的行為並且承擔責任，這就能決定你自己生命的品質與水準，而上述種種其實從這些典章之中就能看到。不論是指正或是被指正，其實都是給自己改正的機會，並且朝向更高的境界邁進。

在運動競技中，你必須對教練、其他隊友、球迷們和自己的統計資料負責，畢竟數字會說話。你確實有打電話開發客戶，要不然就是沒有；你確實跑了一哩路，要確實不然就是沒有；你有信守承諾，要不然就是沒有。而偉大的運動員肯定都比任何人還要早一步知道，自己是否應該對某件事情確實做到自我指正。

忠誠來自於尊敬，而尊敬來自於有所擔當；有所擔當的基礎，就是因為願意對團隊和典章獻身，並且願意隨時指正並且敢當。

在此有幾個方法，可以確保自己團隊有所擔當、勇於承諾並且保持忠誠度。

統計數據

團隊所有的成員，必須不斷地追蹤統計數據，尤其是成果以及可以量化的活動等等。唯有一週接著一週的統計數字，因為只唯有這樣才能衡量出自己的優缺點，也就是說，有數據才會有成果！

至於什麼叫做統計數據？我有一位客戶是做傳銷的，在他的「榮譽典章」中有項規定：同一個團隊中的夥伴們，每週要彼此分享行事曆。這麼一來，大家就可以看出行動量的水準——例如他們拜訪了誰？拜訪頻率的多寡？每天打了多少電話？這些數字可以讓他們向整個團隊負起責任。他們針對不同的活動設定目標，事後再填入實際的數字。這樣赤裸裸地受人檢視，雖然會讓人感覺到不太舒服，但是往往更能支持他人成長。

團隊提示◆所謂的擔當就在「統計數據」中，因為有數據才會有成果！

我們假設說，其中一位隊友設定了每週要打一百通電話來開發新客戶，以及每週做五次簡報這樣的目標。假設團隊檢視她的行動時，發現她每週電話次數都超過了目標，但是簡報次數不足──這或許正表示在她打電話給別人的時候，其實是有一些問題存在，這麼一來，自然也就更容易輔導她邁向成功了。

再者，追蹤統計數據也能呈現值得被慶祝的勝利，例如超過原本預期達到的目標。同時也能呈現一些潛在的問題，例如追蹤由第一次電話拜訪進展，轉而成為面對面說明的成功機率。經過一段時日之後，它也能讓你看出一些習慣性的模式。有時想要改變固定的行為模式，就好像在看雜草生長一樣，又慢、又單調，對吧？我們總是感覺這件事不僅曠日費時，而且根本無效果，然後接下來我們會怎麼做？我們往往會開始嚴厲責怪自己，為何在短時間內沒有做出任何改變！或者在原本計畫還沒有開始發揮效果之前，我們又突然改變策略等等。

試著想想看自己上一次的減重計畫。每天上健身房，減少糖分的攝取，晚餐只吃沙拉，甚至每天都會秤一秤自己的體重，希望的無非就是體重能有所變化。這時如果體重沒有下降，你就責怪自己貪嘴，多吃了一片餅乾。但是，如果你給自己多一點時間，看看每週發生什麼樣的變化，每天記錄自己的所做所為，然後等到六個月以後再回頭檢視，你就會發現自己減輕了幾公斤，體脂肪也下降了幾個百分點，對吧？甚至你會發覺，在減重的這段時間內，你的體能變好了；或者因為你現在有辦法觀察到自己的行為模式，你開始留意到，每當感覺有壓力出現的時候，自己就會有暴飲暴食的傾向。你其實可以從中學到很多有關於自己的事情，而這就是我所想表達的重點。

如果你不斷地記錄數據，你就可以觀察模式、衡量進展並且解決問題。如果不這麼做，你就很容易受挫，不容易認同自己的勝利；而且更重要的，你會輕忽自己這一路走來的成就。只憑記憶回想六個月以前，你不可能記得自己當時進食的內容、分量以及頻率。關鍵在於不要只是單純地記錄最終的數據，還要衡量自己的行動。你有沒有改變方針？你有沒有尋求協助？那一天發生了什麼事情？記錄自己的行動，可以讓你觀察到自己的行為和進展，甚至是退步的情況。當然，它同樣也可以讓別人來對你做正確的輔導。

一個真正的團隊，會毫無條件地協助隊友。在這裡所講的意思，並不是因為羞愧而被迫採取行動；也是很多人為什麼害怕承擔責任，或者不願意加入卓越團隊的原因，他們多半不喜歡受到別人仔細的檢視。這只是你自己腦海中既有的「小聲音」，頑固地認為別人回饋的意見，總是針對自己個人而來的，而這種偏見既痛苦又傷人。其實，得到回饋意見的次數愈多，你就會變得愈容易接受它。如果你把它當成瘟疫，避之唯恐不及，那麼在愈來愈不容易獲得別人意見的狀況下，只要遇到這種狀況，你將會變得會愈來愈難接受，直到你乾脆全然逃避它為止。

接下來要講的是，一個會為你著想的團隊，會用什麼樣的方式協助與鼓勵你。在我曾經配合過的某個組織中，他們習慣把承擔責任和遊戲結合在一起，採用「虛擬橄欖球比賽」的方式，來將大家分成幾支隊伍，只要業績有成長或願意接受訓練，就能

團隊提示◆當你接受愈來愈多的回饋意見時，每一次的指正就會變得更加容易！

獲得分數。在季後賽中，他們還利用電腦程式計算分數，看看哪支隊伍得分最高；而這個簡單的辦法，讓行動量增加了四倍之譜！

大家都是受到同隊隊友的激勵，而這主要的方式有兩種。首先，如果自己的動作太慢，其他隊友就會立即進來支援，因為大家都有著一定要獲勝這個共同目標。其次，沒有人想讓隊友失望，大家都希望能被看做是可靠的夥伴，因此所有的人都會更加賣力地「贏得」隊友認同；他們藉此所展現出來的活力，簡直難以令人置信。

如果不願意對數字負起責任，那麼幾乎就沒有辦法來衡量自己或者他人的進展。但是我再次強調，你還是得先確認自己團隊中有些什麼樣的人？除非大家願意擔當責任，否則依舊無法成為冠軍的團隊。藉由統計數據，就能讓你很容易地達到目標。

品管大師戴明博士（Dr. Edwards Deming）說得好：「如果你能衡量它，你就能改善它。」這句話無論是用在製造、人類行為和績效上，其實都很適合。但是這並不表示每一次你都非得成功不可，畢竟沒有人能做到這一點。但是，如果你願意傾注全力，奇蹟往往就會發生。數字開始上升，會有更多人慕名而來，自己的收入也就會隨之增加，而這就是為什麼想要成功，就必須要擁有團隊的理由。當你違反典章的時候，團隊就會負起指正你的責任；而反過來說，他們當然也會幫你慶祝所有的成就。

要忠於團隊

我把一位導師所說的話，拿來當做自己「榮譽典章」的一部分。他說：「成就卓越的關鍵，在於慎選與你為伍的人，而這些人對你的要求標準，絕對會比你的自我要求還要高。」

你有沒有這樣子的朋友？當你有需要的時候，他會拉你一把；當自己畏縮不前的時候，他也會推你一把；當自己開始懈怠懶散的時候，他甚至於會狠狠地踢你一腳。唯有跟這樣的隊友為伍，才是改變自己生命和數據最快的方式。

身為一名隊員，你要相信自己團隊的支持，互相指正是有所擔當的最高境界。當你接受「榮譽典章」這類的「契約」規範時，你就是在跟別人做出相互的保證，保證你絕對不會讓自己和團隊失望；而且無論如何，你會竭盡所能地協助團隊達成任務。捫心自問，你和團隊之間，曾經互相許下了多大的承諾？在這個年頭，人們不斷地在團隊之間跳來跳去或是不斷換工作，希望能夠追尋「更好的環境」、更高的薪資或是更好的機會；但是他們就是不了解，如果自己不能立定志向並全心投入，自己和團隊是根本不會有進步的。能夠認清這一點，其實非常重要。

當我第一次從事業務的工作時，我承諾自己無論如何一定要專心投入三到五年的時間。當時我的目的是想學會如何銷售，而且我也知道，如果不給自己這麼一個機會，我這一輩子都不會知道自己可以從中學到什麼？或是我能夠有什麼樣的成就？沒錯，當時還有其他擁有更好的產品，以及佣金更優渥的公司，但是我想要的不只如此；我的目的是希望藉著這個機會，培養自己專心一致的紀律，並在面對任何挑戰時，可以做到「在試煉中屹立不搖」。此外，並且能夠從公司所提供的訓練、經驗和輔導當中，榨取到最多的自我價值。

你必須要求自己，做出自己想要的行為。你也必須用同樣的標準來要求他人，要不然，所有的事情都會變得非得靠自己才能完成。我相信你知道那是什麼樣的情景。你對別人的要求，怎麼可能比自我要求的標準還低？這不但便宜了你自己和團隊，甚至也可視為是一種背叛。如果有人違反了自己對團隊所許下的承諾，這一定得要加以指正才行。而且每當有人實現自己的承諾時，你也必須放開心胸，予以認可。如果你能這麼做，能量就會增加、士氣就會高昂、績效和速度也會逐漸提高，這時候，情況就會開始變得非常有趣。

忠誠度

每當我談到榮譽典章、落實執行、有所擔當以及決心承諾等等，有些人會出現的反應就是：「為什麼要這麼嚴格？聽起來，你好像把所有的事情都當成在帶橄欖球隊一樣，甚至是在帶軍隊……！」

其實，他們誤解了我想要表達的重點。在界限訂定的愈加嚴謹的狀況下，我們才能更安全地在規定範圍內盡情嘗試和挑戰。人們可以自由地表達想法、瘋瘋癲癲、擺脫窠臼、慶祝勝利、認可讚揚並感謝對方，完全做到坦誠以對。而當這種情形發生的時候，往往就能創造出充滿火花、歡樂和熱情的氣氛。在這種環境下，人們心中就會充滿信任；你就能確實感受到大家相互照顧的感覺，而且所有合理、充滿善意的行為，也將都會受到賞識。再者，這樣也能培養出忠誠度，以及互相幫助的意願；人們自然會比較容易抵抗那些比較誘人，或是必須犧牲他人利益的各種慾望。

如果你對朋友和夥伴們沒有什麼忠誠度，那麼就先要求自己這麼做。更重要的是，要先學會對自己忠誠。只要你忠於自己，你也會開始變得想要忠於那些生命中最重要的人。請記住要以身作則，並且藉由行動，來向世人展現自己到底是一個什麼樣的人。如果身為父母的你，告訴自己八歲的小孩，你五點鐘會回家陪他打籃球，但是你決定在回家的路上先拐到酒吧喝上幾杯，那麼你的忠誠度在哪？你又給小孩做出什麼樣的示範了？你八歲的小孩會認為你是什麼樣的人？他又會認為「忠誠」這個字眼，代表的又是什麼樣的意義？

在職場中，人們會傾向於先把自己顧好，有關這一點我稍早已經提過。許多「榮譽典章」之中都曾經列出「要對團隊忠心」這條規則。這條規則好是好，但它真正的意義是什麼？假設說，你有一位客服部門的員工，針對公司的某一項政策，正在電話上處理客戶的抱怨。或許這位客服人員覺得，每當他跟客戶說：「我了解，你是對的，我每一次都會向公司反應，但是公司就是從來都不會聽我的……真的很抱歉，我

團隊檢查表（team check）

1. 確實追蹤「統計數據」同時加以檢視，從中學習並充分利用。
2. 肯定並讚揚自己想要別人做到的行為。
3. 對彼此負責之前，必須先獲得對方允許；在這過程當中，更要不斷相互支持。
4. 挑選隊友和朋友之前請三思。自己身邊的這些人，是否會以同樣標準要求你與自我要求。
5. 要求自己忠心不二，並且抗拒尋找或追求更好機會的誘惑。
6. 要擔當自己的一切，並為別人設立榜樣。
7. 若不清楚接下來該怎麼辦的時候，請繼續相挺到底。

已經盡力了……」這種話的時候，你就會以為這正是「忠於客戶」。但是當客戶掛斷電話之後，你認為他會怎麼想？雖然客服人員努力地想給客戶一種「親切感」，但是他在這個過程當中，其實卻是狠狠地捅了團隊一刀。這位客人可能會想：「老天，這家公司真的是亂七八糟。連他們的員工都在互相抱怨！」

因此，一定要和團隊立場一致；所謂「家醜不可外揚」，這種行為不能算是忠誠。就算你不能認同某個系統、規則或政策，你始終要保持忠心不二，直到內部做出改變為止。我並不是要你閉上嘴巴、盲目聽從或壓抑自己的感受，就算要推動改革，也要從內部做起。沒有所謂「我只代表我自己」或「我跟他們不是同一掛的」這回事。你要跟團隊一起對此做出努力，而非唱反調。如果你做不到這一點，就不可能會有人獲得勝利。別忘了，這一切是因為當情緒高漲的時候，智慧就會隨之降低。當團隊面臨壓力、當大家孤注一擲的時候，他們是否仍舊忠心不二？有些人寧可幫助陌生人而不願意幫助家人，或許在你的親朋好友當中，你也認識不少這樣的人。但是，這究竟是不是一種健全的關係？因為真正優秀的團隊，根本不會擁有這種行為，這種偏見將會從內部腐化一個團隊的精神。

每當經歷誘惑的考驗時，記得要極力讚揚所謂的忠誠度。在當今的社會當中，如果知道別家有更好的待遇，要求別人對自己忠心的確不容易。但是我可以告訴你，每當有人告訴我，他之所以留下沒有跳槽的原因，是因為他們對這裡很忠心，這時我的內心往往都會充滿溫暖的感覺。這才是凝聚團隊的力量！如果這種情形發生在我的團隊之內，我一定願意為這位隊友兩肋插刀，在所不辭。

在面臨第四局最後一次進攻的機會，如果離達陣距離還很遙遠，而比賽時間亦所剩不多的情況下，看看那些傑出的橄欖球隊會怎麼做！這時他們肯定會聚在一起，手牽著手，不論面對什麼樣的命運，他們都會彼此照應到底。而這樣才是真正的冠軍團隊！

其實，我們這一生能真正擁有的，就是這些珍貴的情誼。既然如此，在最後的分析當中，就請大家遵照這些簡單的規則，確實做到勇於擔當、承諾與忠誠吧！

團隊練習

1. 找出那些有助於團隊達成預期目標，又可加以量化的行動。
2. 追蹤這些活動的統計數據，並且每週和團隊一起檢視。
3. 要求團隊所有隊員，自己也要照著這麼做。
4. 成立一個研討會，讓大家互相負起數據上的責任，同時接受別人的支持。

第九章

憑藉「榮譽典章」，在試煉中屹立不搖

相信大家都曾經聽過「失敗為成功之母」這句話。只是很不幸的，並不是每一種失敗的狀況，都可以用這種態度來處理。

個人在面臨逆境與壓力時，情緒通常都會高漲，而我們處理的方式，也往往遠不如自己原本所想像中的那麼理想，有時甚至可能會因此失去控制或變得極為醜陋。所以，設立典章的目的，就是希望處在壓力之下時，仍能讓大家緊密結合在一起，藉以確保所有人都擁有足夠的自律，並在面對挑戰時仍然堅守承諾。我所知道的偉大隊伍、偉人或家庭，都是因為經過壓力的挑戰才得以形成。就像約翰·甘迺迪曾經說過的：「我們之所以選擇登陸月球，並不是因為它容易做到，而是因為它很困難！」其實，真正的蛻變必定發生在壓力與挑戰之中。這其中也有著物理上的原理，一種很詭異的可預測性；最重要的就是若能在「試煉」中繼續堅持，往往就能激盪出自己最佳的一面。

每個人一旦處在高度壓力、緊繃或挑戰之下，情勢往往就會發生變化。有時會變得更好，有時則不會。根據經驗，這些狀況會讓我們的情緒高漲，也有可能因此剝奪我們理性思考的能力。這時候，我們就會自動進入以「直覺反應」的生存模式中。對一些人來說，所謂的直覺反應不是戰鬥就是逃走。對於另一些人來說，就是退縮並躲藏起來。還有人一遇到事情就會說：「老子先閃了」。但對於特定的一些人來說，他們的直覺反應充滿勇氣、果敢、明智和堅強。而這其中究竟為何會有差別？原因就在於「榮譽典章」。

「榮譽典章」如果建立穩當，就能讓人堅持下去。藉由充分的承諾、練習和反覆操練，它便能凌駕於舊有的本能反應，並讓人繼續撐下去。它會促使我們堅定立場、承受壓力，並讓我們在突破困難之後，更加堅強。因此，我把它叫做「在試煉之中，屹立不搖」。打從有記憶開始，我的生活就經常處在「水深火熱」之中，不是因為我很勇敢，而是在我的內心深處，我根本就是一個膽小鬼。由於經常一意孤行，我愈發覺得自己常常陷在非常詭異的困境之中，而起因就只是這些機會在一開始的時候，我常常會感覺「這看起來應該會是個好主意吧？」你有沒有也曾經這麼想過？但是請大家不要誤會，我其實有個美好的家庭，而且並未被虐待或拋棄，我只是一個希望能夠擁有更多的普通小孩子而已。

慢慢地，我開始發覺在自己的成長過程中，總是有著令人不安的規律模式存在。

當我開始研究成功的人士，以及成功的團隊時，我開始發現這個規律亦不斷重複地發生在這些範例中。例如我目前的身分是一個著名演說家、教練和企管顧問，而我發覺最偉大、確實也最持久的本事，也往往就是因為願意投身於試煉（水深火熱）之中，甚至屹立不搖才能獲得。社會上發生的許多病態現象與悲劇，往往都是因為刻意逃避試煉或是逃避一些我們應該要去做（但是很不容易）的事情，因而造成的結果。

更重要的是，當我花下許多時間研究這種現象，我居然發現壓力不但能讓我們獲得成長，而且更是大自然的基本定律之一！

支持這個理論的證據，是來自一九七七年諾貝爾化學獎得獎人伊利亞．普里戈金（Ilya Prigogine），他是一位專攻「熱力學第二定律」的化學家。如果不知道這個定律的人也不必擔心，我在這裡不是要給你上理化課。只是希望藉此舉個簡單的例子。

假使一棵樹在森林中倒下，經過一段時間之後，它就會潰爛並且被腐蝕。該樹終究會支離破碎，同時它的原有結構也會隨之更加散亂，或是陷入混亂。換言之，第二定律告訴我們，若將事物放著不管，宇宙就會逐漸陷入脫序的狀態——有著自然會敗壞的傾向。這個理論有點道理吧？因為事情就是這麼簡單，而你如今也已經成為「熱力學第二定律」的專家了。

你認識這種的人嗎？他們虛擲生命，成天坐在電視機前，完全無視於自己的生活與健康逐漸敗壞。我們也見過類似的組織團體，他們逐漸肥大、結構鬆散並且得意忘形，完全忘了如何因應競爭對手的威脅，因此，也終究難逃解體或崩潰的命運。這個

團隊提示◆偉大的團隊之所以偉大，就是因為承受了挑戰、逆境和壓力，並在這個過程當中，緊緊團結在一起。

過程對國家、經濟、貨幣和文化來說，其實也都是同樣的道理。想當然爾，自己的親人、朋友等關係，如果長期疏於聯繫，感情往往就會逐漸退散甚至消失，而這就第二定律的作用，全然適用於自然界和日常生活當中。而多年來，人們也早已習慣接受自己的人際關係和生命，遲早都會逐漸「消逝」的事實。

但是普里戈金之所以獲得諾貝爾化學獎，就是因為他所觀察到的現象與上述內容不符，所持理論甚至更恰好相反。他說：「大自然會在混亂之中產生新秩序。」他並且觀察到：「如果選擇一個正常的有機體或化合物，並且輸送能量給它，它將會在吸收這些能量之後，進一步轉送出去！」而這和我們自己很相似——我們經常接受日常的一些工作、食物、對話、挑戰和資訊等事物，然後透過吸收、運用後，再藉由能量、產出、結果、廢棄物等類似的方式，將之順利轉送出去。這種循環嚴格說來，沒什麼了不起的嘛！但是，當我們開始持續不斷地供給更多能量，並使它超過負荷且施予壓力，這時就會發生很有趣的現象。因為在物理學中，我們習慣將這種現象稱之為「擾動」。

你有沒有過這樣的經驗：餐盤當中的食物過多？同時需要處理的事物遠超過自己的能力？配偶是否吐了太多苦水在你身上？你是否因此被「擾動」了？你能體會我在說什麼嗎？總而言之，「擾動」其實就是目前狀態被顛覆的情況。

普里戈金觀察到，若是持續增加給予某個系統的能量，當能量總和超過它所能承載的程度之後，它就會開始震顫、發抖。當壓力或擾動不斷增加，它將會震顫得愈來

團隊提示◆簡單來說，「擾動」就是目前狀態被顛覆的情況，偉大的人、事、物，都是這樣產生的。

愈厲害，直至它來到看來再也無法承受的臨界點為止。你是否有過這種經驗：某一天，當你所承受的壓力已經大到只要有人再給你添一些小麻煩，你就準備狂吼大叫了！我相信大家肯定都經歷過這種狀況，無論你是個小小的有機物、大型企業或是世界經濟大國，一旦我們被「擾動」到所能承受的一個「最大極限」，甚至是達到一個假想的臨界值之時，當下其實你就是處在「水深火熱」的試煉之中，覺得自己隨時都會爆發，企業組織看來隨時都準備瓦解……但是如果條件「對」了，情況往往就會有新的狀況發生，而這正是普里戈金獲獎的原因。當這個系統達到壓力的極限，並且處在正確的狀態下（我再強調一次，指的是「正確」的狀態下），它就會開始發生有趣的現象。它不會解體崩壞，也不會炸開，它只會跨越這道極限；事實上，它會重組並進化到一個更複雜的結構之中，藉以能夠承受更多的壓力。

就以剛才的樹木為例。它在森林中傾圮成為爛泥，並且逐漸沒入大自然的土壤之中，藉由地層施予的壓力，經過一定期間的轉化後變成煤炭。這時若施予更大的壓力與熱，同一組分子最終將會轉變成鑽石——一種遠比原來的狀態更加複雜、更加堅固的物質，具有無與倫比的耐壓能力。

我想表達的意義是什麼？這些理化知識的重點在哪裡？其實我想說的是：在大自然中，蛻變與成長總是要在壓力之下才能發生，它們往往都是在顛覆現狀並讓既有的系統超載。而這件事情也會發生在自己身上！你有沒有上過健身房？當你在鍛鍊肌肉的時候，你會感覺到它們將無法再承受任何壓力並且即將斷裂，但是令人意想不到的是，它們沒有因此斷裂，反而變得更加成長與茁壯。你的身型不僅愈來愈顯健美，肌肉也愈能承受更大的重量、距離或壓力；但是這一切必須身處「水深火熱的試煉」之中——也就是壓力之下，才能發生，而這就是大自然的運作法則。

但是為了某種理由，只有我們人類才會有避免或逃避這種過程的傾向。你是否曾經注意過，例如你和團隊承受著巨大壓力並且加班到很晚，甚至是神經也繃緊到了極限的時候，突然有人隨便講了一些什麼話，結果便是使得大家笑個不停？而奇怪的是，大家也不曉得自己到底在笑什麼？一旦心情恢復平靜，所有的事情看起來都變得更簡單、輕鬆與平靜，而這就是「擾動」發揮效應的狀態——壓力上升，釋放情緒——重組發生！

你站在超級黑色鑽石滑雪道的山巔準備往下滑，你的心臟幾乎已經要從嘴巴裡跳出來，你聽到它在你的胸口蹦蹦亂撞……一開始，你緩慢地起步，但是好幾個月以來的反覆練習開始接手——在你騰空跳躍，進入另一個誇張的彎道時，你大聲狂叫，幾分鐘之後你回頭看著自己剛剛滑下來的陡坡，你將會變得更有能力，更能面對巨大的挑戰。你到現場看了大量的房子，幾天來不斷地分析數據，過程當中另一半也一直和你爭論不休。你甚至質疑過自己。你已經精疲力盡了。但是你仍然在合約上簽名，而瞬間你已經做出自己不動產的第一筆交易！如果你在任何這類的狀況中退縮，凡是那些阻礙你採取行動的情緒不但會延續而且還會不斷累積，直到你自己充滿怨恨、憤怒或悲觀。

大自然就是要你放膽去做。這就是自己和身邊周遭的人們一起進化的時機。那些告訴你不要這麼認真、放輕鬆點的朋友，他們所提供的建議簡直就是反進化！因為當你愈是處在水深火熱之中並且屹立不搖，這時你將會更加成長，並且距離自己與生俱來的使命愈近。

我曾經研讀一份研究報告書，書中指出，退休後的高級主管若未替自己訂下一個新的挑戰目標，他們所剩的存活時間大概只有五年左右！如果你不放手全力一搏，你將不會再成長，此時，「熱力學第二定律」——崩壞的現象就會接管你的人生。換句話說，生命的意義就是要不斷地成長。

我對成千上萬的人們闡述這種觀念，他們也都同意身為正常的、具有靈性人類，通常都擁有不斷成長與進步的意願。因此我要請問各位，為什麼每當你面臨人生的臨界線時，現況往往會逼你面對不舒服的真相與現實，例如自己的親密關係、財務狀況、事業以及健康狀況等等，我們為什麼不試著超越它，並且重新地去組織自己的生命，使之蛻變？而這也是偉大運動員們一直在做的事情，他們更為嚴厲地鞭策自己，直到他們突破界限，進入世界頂尖的水準。為什麼其他人不去做？為什麼有百分之五十的美國人，其婚姻往往到最後都以離婚收場？為什麼在面臨壓力之下，我們總是傾向於逃避？原因正如以下所述。

這是因為在發生這個化學性、物理性或社會性的變化時，同時會有另一個有趣且值得觀察的現象會發生。就在這個系統或化合物開始蛻變時，它一定會釋放能量。在發生化學變化時，則是需要藉由釋放熱量來達成。每當一個系統重組到一種全新狀態時，原有的連結機制皆需釋放能量，因為整體系統截至目前，已經演化成為更有效率的狀態。當人們釋放能量時，則多半是藉由……呵呵，你猜對了……就是「情緒」！例如憤怒、恐懼、憂傷、混淆與挫折等都是。因此，多數人皆不願跨過那一條界限，選擇避免直接面對壓力，因為它們非常害怕伴隨壓力而來的負面情緒。

我們的社會並未教導我們如何面對、處理以及利用這些情緒。我們反而被調教成遠遠避開、壓抑、隱藏、忽視並且指責它們的應對模式。在我們成長的過程中多半都會聽到「男兒有淚不輕彈！」、「女人要端莊，舉止有禮」等等說法，我相信大家肯定都聽過這一類的廢話。問題是，如果你刻意不宣洩情緒，它就會阻礙演化的形成；如果你不讓情緒自然宣洩，進步就會在此打住。只要人們提到情緒，多數人的本能反應就是「太不專業了」、「這傢伙太軟弱了」或是「就算給我一千萬，我也不幹這種事…」等等；問題的癥結在於，我們其實時刻處於壓力之下。我們的社會日益複雜，要處理的事情多如牛毛，這時若不將這些情緒加以宣洩，我們就會在臨界線前打住，而在持續累積大量的壓力之後，不可避免地就是進入所謂「神經病」的狀態。我知道，大家身邊都有這種事情在不斷發生。甚至走在街道上，行人當中或許就有一些人正像火山一樣，隨時都有可能會爆發開來。

你有沒有遇到過這種事：你只是開口跟某人說了一句話，緊接著他就無緣無故地對你大發雷霆？你有這樣對待過別人嗎？我想也是！社會上有許多青少年，渴望獲得家庭或學校的協助，但是我們卻刻意忽略他們的呼喚，因為我們自己都不善於處理他們的情緒。老師們、經理們和父母都會感覺慌亂，甚至無法自行處理，因為這就是文化洗禮的結果——就是我們成長環境的一部分。由於多數人都是採取這樣反應，而所產生的結果，就是成千上萬的人卡在臨界線之前；就像是被使勁搖晃的汽水瓶一樣，如果搖晃得夠久、夠用力，你猜它會發生什麼事？沒錯！它就是一定會炸開來。

在企業當中也會發生同樣的事情。企業組織不斷承受巨大的壓力，如果內部不斷被搖晃、刺激，而能量卻又無從宣洩的話，將會發生什麼事情？由於這個過程是自然發生的，因此能量必須有宣洩的出口。這時如果企業組織內部沒有適當的宣洩管道，企業就如一個不斷被搖晃的汽水瓶一般，瓶蓋下方會開始出現什麼變化？會有什麼事情發生？首先出現的就是氣泡開始大量冒出，而這個就被我們稱之為「離職率」；人們因此開始萌生離開企業的想法，企業當中最優秀的人才開始陸續離職……至於原因何在？正是因為他們無法清楚表達自己的想法，所以只好決定放棄，改而去找尋更美好的天地。

你在組織、企業當中，也能看到同樣的事，它們不斷地承受著巨大壓力，那些溝通管道暢通、能釋放壓力與混淆的企業，總是能夠持續不斷地成長。至於習慣逃避或壓抑的企業，則往往會走向分崩離析。第一個現象就是員工離職率攀升，這時也正是人們開始陸續離開企業的時候。此時，企業當中最優秀的人才開始離職，是因為他們覺得被虐待，或者無法表達出自己的想法。這時候，反而那些在過程中可以自由討論、處理，甚至「談笑風生」的人們，就像先前所提到一樣，往往就能順利跨過這一道屏障。

而這就是為什麼你需要一套「榮譽典章」的緣故。

「榮譽典章」設計的目的，是要用來保護正在前線面臨壓力的隊友。它負責管轄責任、溝通、公平行事、誠信和尊敬等方面。而能讓它發揮作用的，就是大家都得同意，願在第一時間內「指正」任何不當的行為。它能讓你進行溝通、宣洩甚至表達心中的挫折感，但前提是絕對不能犧牲同伴來達到這個目的。如果沒有「榮譽典章」，就算是心地最善良的人們，也會慢慢演變成「各自為政」的狀態。「榮譽典章」的目的，就是要讓大家即便處在壓力之下，也能繼續團結，讓整個團隊或家庭，可以一起跨越那道成長的界限。

如果想要順利成長，學習如何在水深火熱的試煉中屹立不搖，這是非常重要的一件事。但你若是沒有「榮譽典章」而想嘗試這樣做，這種行為無異是不帶降落傘卻急著要跳傘一樣！你必須給自己、團隊和家庭各建一套典章，這樣才可以在發生狀況時互相扶持。也就是我之前所謂的「在正確的狀況」下，整個氛圍、典章和規則必須能夠做到互相扶持、保護和滋養。假使規則和執法被濫用，不肖人士以恐懼要脅，或藉此貶低人格，人們根本不會願意主動出頭；要不然另一種極端的情悅就是，他們也將成為濫用規則或採用威脅性方式的其中一員。

你有沒有發現，當自己一旦成功處理一個大挑戰，其他的問題看起來也就沒有這

團隊提示◆「榮譽典章」可讓團隊在壓力之下依舊正常運作，並在混亂中保護所有員工。

麼困難了？這就是在試煉之中屹立不搖最迷人的地方。一旦你跨越了那道鴻溝，你就進入了一個嶄新的境界；你將會變得更為堅強、強壯、有能力、能扛起以往看來根本做不到的大挑戰。但是，如果你一直無法跨越這條界線，那麼將會發生以下兩件事情。首先，你會成為「第二定律」的受害者。物理定律告訴我們——如果你不願承擔壓力，你不去接受試煉並放手去做，「第二定律」就會接手；這時你的事業、人際關係和個人成長都會開始崩壞。總之，重組和蛻變必須在壓力之下才會發生。

其次，如果說你找不到釋放情緒的方法，那麼你將會不斷累積它，直到自己無法承受，全部爆發出來為止。退化、憤怒和爆炸可以藉由極度沮喪、暴力甚至退縮、冷漠來表現；如果不妥善加以管理，這也可能會發生在自己的孩子、員工甚至是最重要的親密伴侶身上。企業這時也將會變得非常臃腫、不近人情、官僚，並從組織內部開始腐化。

就像我一直強調的，我從未見過不用面對壓力，就能變成偉大隊伍的這種事情；除受到相當的壓力，否則我也從未見過任何偉大的成就、領袖或革命性的行動發生。偉大的冠軍團隊並非大人版的快樂兒童營，因為身在其中其實非常不好過，他們會不斷鞭策你，要求你面對各式各樣的挑戰，並且成為一個更加能幹的人。他們也會要你為錯誤負責任，但是他們如果真正偉大，也肯定會互相慶祝彼此的勝利。他們會從彼此身上學習，相互扶持和鼓勵；也就是因為生活在一起，他們往往能夠達到遠比自己個人所能想像，還要更高的一種成就。而且到了最後，他們一定會對自己非常滿意，並且期許自己成為更優秀的人才。雖然這一切都很辛苦，但是肯定都值得。

如何勇於在試煉中接受挑戰

如果你已經按照本書所寫的步驟，建立了一套「榮譽典章」，那麼你早已開始著手進行這個流程了。壓力是創造偉大隊伍的主因之一，就算成員天生的直覺是想要逃跑或避免這些挑戰，但是大家一樣必須熬過這些折騰才行。你需要一些規則和一套典章來支持你，當狀況開始白熱化、大家互相地在大眼瞪小眼、不知該做些什麼或不知道如何處理的時候，答案往往就會在「榮譽典章」之中浮現。

其實人們最大的敵手就是自己。因此我自己也有一套「榮譽典章」，處在壓力之下時，我往往會忘記一切。例如當我開始心生不悅時，我就會拚命想逃跑；但是這些行為，對我根本沒有任何幫助。我的一生始終受到老天爺的眷顧，因為身邊周遭的夥伴，都會要求我必須有所擔當，故而我已經培養出遵守「榮譽典章」的習慣了。在此我要跟各位分享一個感覺：那就是我跟大家一樣，都會經歷一些艱難的時光，但是截至目前，我已經學會了要相信整個成長蛻變的過程。每當壓力開始變大，事情看來非常瘋狂，我就會告訴自己：「我正在處於『水深火熱』的試煉之中，撐下去！繼續堅持下去……」然後你知道嗎？事情往往會在每一次的「水深火熱」中，產生非常美好的結果。偶爾我也會在家裡或辦公室裡罵來罵去，此時我的太太就會帶著微笑，並且注視著我說道：「嗯，看來又有好事將要發生了……」

不管是要學習滑雪、購買第一幢出租房屋、打造自己的事業、參加路跑競賽，或者單純地要和另一半達成共識，在過程中往往會或多或少地伴隨著一些恐懼、挫折和混亂。但是由於藉著「榮譽典章」來處理這些情緒，並在試煉中屹立不搖，大家都會逐漸地把這些經歷轉化成勝利，同時替生命帶來了偉大的成功和愛。

至於我自己家中和公司專用的「榮譽典章」，有條規則是說：「絕不逃避或放任懸而未決的問題。」這項規矩其實很不容易做到，有時甚至會讓大家覺得，放任這些困難的決定或衝突去自我淡化，搞不好還比較容易一些，甚至有時還會發展成情緒化的狀況。但是我們發現，每當我們允許這些情緒和感受浮上檯面並加以釋放，大家不但能夠找到更好的解決辦法，而且就像自然界的定律一樣，事業團隊之間的關係，將會重組成更高的一種境界；而我的事業團隊之中，的確會發生過這樣的事情。但是更重要的是，它在我的家庭關係中，帶來了更深刻、更堅強的親密關係。

在公司裡，我們經常會採用更好的主意、全新的想法，或者做突破性的思考。雖然聽起來很奇怪，但是我的員工的確開始期待這種情形發生；因為他們知道，跨越困難的背後，必定會有更甜美的結果在等待他們。至於為何會發生這種情形，就是因為我們為大家創造一個安全的環境，也就是只要在過程當中遵守典章，大家都能安全地表達顧慮、挫折感和主意。只是這些事情必須要以負責任的態度處理才行，千萬不可在遭逢壓力時就開始責怪、抱怨或自憐自艾。

當任何企業的股東們願意堅持不懈，直到困難解決為止，這麼一來將可培養出卓越、協同工作的能力。這些困難可能是財務、業務、夥伴關係、願景、目標、結果、策略、聘雇或開除等方面，我相信你曾經體會過何謂「難以決斷」，但是這偏偏又是一個極為關鍵的議題，因為我們可以從中創造新的選擇。當雙方互相承諾，一旦彼此的關係日益堅強時，就可鍛鍊出更高層次的信任感。但可惜的是，以上情形絕對不會發生，除非一開始雙方就同意，無論如何一定要正視並且處理這個問題，直到所有困難均被徹底解決為止。

我在世界各地所舉辦的領導力課程當中，經常親眼目睹這些在思想、創造力和結果各方面的突破。在這些課程裡，我總是充滿敬意地看著這些學員正在掙扎著，想要完成一些我交給他們的任務或案件。我故意藉著給他們看似不合理的時間及有限的資源，讓他們真實地處於水深火熱的試煉之中。每次那些會爭論不休、互相鞭策、辯論並且坦誠講出想法的隊伍，往往都會突破臨界點，並且創造出遠超過他們自己期望能達成的結果。

幾個月前，我在德州奧斯汀機場候機。當這位年輕女士接近我的時候，我相信她肯定能從我臉上的錯愕表情，知道我認不出她是誰。在那當下，她微笑著對我說：「布萊爾，你不記得我了，是吧？」我尷尬地搖搖頭。她釋懷地一笑，並且接著說：「我曾經參加過你幾年前在IBM所舉辦的課程，而我現在想要對你說聲謝謝！」

直到這時我才想起來。她的團隊不斷掙扎著，想要執行我指派給他們的任務。他們持續工作到深夜，每個人幾乎都快把頭皮抓破了，拚命想著，究竟要在明早之前想出什麼樣的方案，以及如何把它完成的計畫。我相信當時的他們，絕對沒有身處快樂營的感覺！

當下我好奇地問她：「妳為什麼要感謝我？」她嫣然一笑地說：「你記不記得，我們最後還是成功地完成計畫，對吧？」我點點頭。

她接著說：「那個計畫不但持續進行下去，並在這些年來，儼然發展出屬於它自己的生命。」

其實他們當時的任務，是要創造出一個能在課程結束後，依舊持續自立自足的計畫，而且必須在當天晚上完成。它必須對整個奧斯汀有所貢獻，不能只侷限於ＩＢＭ和他們自己的隊伍。而他們所創造的計畫，是要教育、服務並保護「鑰匙兒童」，也就是那些放學後必須回到空無一人家中的小孩子。也正是因為他們的計畫是如此地成功，就連當地的報紙都前來採訪；結果就是消息傳遍全國各地，也因此讓他們獲得許多企業、組織的贊助。

她說：「當時你指派這道作業給我們的時候，我簡直是恨透你了……因為我認為，這項任務完全沒道理也不可能做到。但是當我看到整個團隊在試煉中屹立不搖所達到的成就，所產生的結果簡直令人無法想像。這幾年來，我雖然在ＩＢＭ獲得多次晉升；但我始終把大部分的功勞歸功於那一天的學習。當我面對看似不可能完成的挑戰時，我都開始思索，自己所能達到的成就究竟有哪些？我現在的心態是：『天下沒

團隊檢查表（team check）

◆成就偉大的三大關鍵起因：

1. 壓力能在各個領域中打造出卓越的團隊；請正面接受挑戰，不要逃避。
2. 尋找正面、有建設性的方式，來釋放被壓抑的能量，讓整個進化過程可以繼續下去——例如運動、打球、研討等，凡是有效的方式皆可嘗試。
3. 在壓力之下，靠著典章來維繫團隊的團結一致。更重要的是，若能在水深火熱之中立定腳跟，你將變得更為堅強，並且得到豐碩的成果，同時讓你擁有無與倫比的自豪和成就感。

有不可能的事情』。而這個觀點，更讓所有與我合作過的對象，深感不可思議。」

緊接著，我們又稍微交談了一下就各自登機了。當飛機逐漸爬到雲層之上並且飛向火紅的晚霞之際，我的情緒微微有些激動。透過我的影響，究竟有多少家庭和孩子的生命從此改觀，只因為這個團隊願意接受「水深火熱」的試煉？而這些團隊成員在改變與成長的過程中，究竟知不知道這個結果對他們自己的生命與親密關係，會造成什麼樣的改變？假如當時他們的決定是：「太難了，我們放棄算了！」那麼今天又會有什麼樣的事情發生？

曾有太多次的經驗，我懷疑自己是否太過努力了，對員工、朋友、客戶甚至自己的要求，是否也都太過嚴苛？但是大自然的定律，總會適度地在我們的身上發揮作用，只要我們擁有一套能榮耀並且保護團隊的「榮譽典章」，讓大家處於壓力之下仍然能保持團結，一切困難往往會迎刃而解。

吉姆・柯林斯（Jim Collins）在他所著《從A到A^+》這本書裡，形容當史谷特紙業（Scott Paper）、威爾法格（Wells Fargo）、艾客德藥業（Eckerd Drugs）等公司在處理那些棘手議題之時，迫使自己必須做出艱難決定，因為唯有如此，才能讓一家「好」公司轉變成為「卓越」的企業。他曾說過：「就因為他們擁有面對『殘酷的事實』的意願，最後才得成為一家卓越的企業。那些因為覺得當面處理問題，會感覺不舒服，進而選擇提早放棄的人們，到了最後往往還是得面臨同樣的問題。當你愈晚處理問題，這些問題只會愈滾愈大，變得愈發難以處理罷了。這就好像往衣櫃裡拚命塞東西而不加以整理一般；若你只知道把門用力關上，並且持續這麼做，遲早有一天你打開衣櫃時，裡面所有的東西必定會傾洩而出，無人能擋……」

無論在公司或家裡，我們立有一條規則——人人都須承諾會致力於個人成長，並在溝通技巧、個人輔導等方面持續進修。藉此，每個人不斷加強自己，在精神上鍛鍊得更為堅強，並且有效提升溝通的能力。這是一種非常艱鉅的紀律，但也使得「富爸爸」集團能夠不斷地成長與繁榮；當然，它同時也讓我太太——愛琳和我，一起大大地成長。

你不能把情緒隨意地到處宣洩在別人身上。我當然也不贊成你立即把這本書放下，開始對員工吼叫、迫害小孩或開始跟另一半爭吵。這或許是你的直覺反應，但是絕對無法解決任何事情。「榮譽典章」最主要的功用是用來規範大家的行為。由於它的關係，就算你想逃跑，想大吼大叫，或是想將情緒宣洩在某位同事或家庭成員身上，一樣也都不准。反之，它容許你說實話，要大家擔起責任，而且不會傷害其他人。這項規則同樣地也提醒我們，早在你被情緒沖昏腦袋之前，你就已經同意遵守它了。相信自己和規則，並且堅持不懈，確實遵守典章就是讓你能在水深火熱之中立定腳跟的基礎。如果你能夠處理這種狀況進而突破它，你肯定就會發生蛻變，而這才是「榮譽典章」真正的精髓。

團隊練習

1. 互相討論並描述自己處於高度壓力下的狀況，以及將會如何處理（無論當時處理的是好是壞）。如果利用自己剛剛所學到的知識，那麼現在的你，將會採用什麼樣的處理方式？

結論
擁有「榮譽典章」的時候到了

終於走到這裡了。你一路努力至今，從這點我可以看得出來，你一定是那種下定決心要讓自己更優秀的人。換句話說，如果無法成為更優秀的人，幹嘛這麼費功夫呢？在你自己的內心裡，甚至周遭所有人都擁有讓自己更偉大的特質。有時候，這些特質始終在等著被人啟發。而你的職責就是要發現它、訓練它以及發展它，必要時甚至得利用這個工具，來改善自己和周遭人們的生活。所以別再等待了！好好審視自己以及生命中最重要的團隊，下定決心要讓它從中發揮到極限。

在此，我所要給你的挑戰是：問問自己想要從這些關係當中，獲得多大的快樂？而你自己的團隊中，又有多少潛在的績效及可能性尚未還發掘？是否會有一天，當你看著鏡中的自己，你知道自己已經完全發揮所有的潛力？而什麼事情是你所能容忍，又有哪些事情是你絕對不願妥協的？你今天是持續的壓抑，還是選擇突破自我？假設你明天會死於車禍，那麼世人將會如何懷念你？你留下了什麼樣的典範？……針對這些問題，你所回答的內容將會決定自己生命的品質。

你的「榮譽典章」會宣示自己堅定的立場，請把它當做榮譽勳章一樣地配戴在身上，讓它在你面臨人生的挑戰之時能夠引導你，並且伴隨著你的成就與勝利。如果你真的這麼做了，這些壓力和奮鬥將會讓你和團隊，蛻變成為更優秀的一群。直到你回顧自己的人生，肯定必將了無遺憾，因為你享受了整個人生的過程，而這才是生命的重點。

把它當做是一場大遊戲吧！任何遊戲都擁有玩家、規則、界限、對手、目標甚至旁觀者。它們的目的就是要測試自己和團隊的最佳一面。如果你一直沒有慶祝勝利、跟自己喜歡的朋友在一起、不斷成長、學習並歡笑的話，請你即刻罷手！要嘛就是改做其他事情，或是改變自己投入遊戲的方式。請相信你天生就有快樂的權利，而不是只能擁有挫折和悲傷。每個人都擁有專屬於自己的天賦，而遊戲的目的是要所有人發揮所長；要跟那些願意與你一同踏上旅程的人們，一起來玩這個人生的大遊戲。

本書的最後是要你如何判斷自己的團隊：如果遊戲在明天完全改觀，你還會選擇同一群人加入團隊嗎？如果你的答案是肯定的，那麼毋庸置疑，你確實擁有一支百戰百勝的冠軍團隊。這時請建立一套「榮譽典章」來滋養它、保護它，並讓所有人發揮潛力，迎向成功。你可以擁有自己所夢想的黃金團隊、渴望的親密關係以及想要的家庭。我要你成為那位天生註定就能獲得成功的人。當你這麼做的時候，正是因為你下定決心一定要這麼做，並為此創造出一個架構，也就是「榮譽典章」，來讓這一切成真。

恭喜！我由衷地感謝你，願意對自己承諾建立一套「榮譽典章」，並且訂定極高的自我要求標準，來嚴格地規範自己。因此，就從這一刻開始，對於這些價值觀絕不妥協。今天就決定自己想要成為什麼樣的人物！

本書一開始，我就藉著講述美國大學橄欖球最精彩的一場比賽——俄亥俄州「七葉樹」隊，與邁阿密「颶風隊」爭奪全國「假日盃」的故事做為開端。就算不被人看好，俄亥俄州立大學依舊透過兩次的延長賽，反敗為勝。總教練吉姆．特斯羅（Jim Tressel）開始接手俄亥俄隊之時，該隊紀律非常鬆散，正是由於他導入極為嚴格但公正、公平的「榮譽典章」，才讓球隊煥然一新，從此改觀。

在整個球季當中，他的團隊一次又一次地扭轉看似必敗的比賽，一次又一次地在球季當中創造一連串的奇蹟。因此，奇蹟確實是會發生的，但是奇蹟之所以會發生，也正是因為自己做了萬全準備才有可能出現。嚴格的宵禁、成績上的要求、群育方面的規範、球隊訓練的規則、跟著學校樂隊後面唱校歌、每次比賽前手挽著手一起從達陣區出發，告誡那些違反典章的隊員們將要坐冷板凳，甚至將他們踢出隊伍……，這一切的一切都將變成整個團隊行事的準則。

他在這場比賽開球的前幾分鐘，對整個團隊進行了一次演說，從中可以很清楚地看到「榮譽典章」的影響力，以及怎麼做才能在自己的人生中，建立百戰百勝的團隊。除此之外，你可以感受到他們的精神，也可以看得出他們之所以會贏的理由是什麼。

請你想像自己當時在更衣間，現場有八萬多位吵雜的群眾，以及數百萬電視觀眾都在翹首盼望著。你每天不斷地練習，而且不論你信不信，也有許多愛戴你的球迷們，深深期待你能獲得勝利。讓這些字眼在你腦海中不斷迴響，如同它們對我所造成的影響一樣；讓這段話不斷提醒你——「我是冠軍」，藉此激勵並賦予你力量，並跟自己生命中最珍惜的人們一起發揮到極致。

最後，我將他的演說內容傳承給你：

你們幾個月之前所開始的旅程，到了今晚即將劃下句點。在這段旅程當中，我們有一些朋友因為不同的理由而離開，另行踏上他們自己的道路。但是，你們之所以會留下來，是因為你們是很特殊的一群。你留下來是因為你關心這個團隊它所代表的精神、你的隊友和你自己！

每個人在人生當中都會面臨一個特殊的時刻，也就是當他問自己：我想給後世留下什麼榜樣？

在現實生活當中，只有極少數的人能擁有像你今晚這樣的機會。能有機會活出這個問題的答案，而機會就掌握在各位手上。它不是明天，更不會是昨天，也不是你在十分鐘之前所做的任何事。你的未來以及你所留給世人的典範，即將在未來的三個半小時當中，由你自己一手塑造。

請你環顧一下這個房間，並且看看圍在身邊的人。你希望這個人如何懷念你？你希望他們怎麼記得你在這場比賽當中的表現？你希望你自己的雙親、家人和朋友們，對你今晚的表現留下什麼記憶？在別人的印象中，會用什麼樣的字眼來評論你，是「普通」還是「卓越」？

為了這場比賽，教練們已經將你們準備妥當，而你們這也給自己有了充分的準備。但是當你踏上球場之前，還請你務必記住幾件事：

◆用心去打這一場球，無論如何，我們絕不放棄！

◆充滿熱情地去打這一場球，別把這一切視為理所當然。雖然你為自己爭取到參賽的機會，但是千萬不要以為自己還會有第二次機會——把它當做是自己接受眾人歡呼的最後一次機會，並把每一次攻防都當成是勝負的關鍵！隨著球賽的進行，每一次的攻防，累積起來就是獲勝的契機。

◆要克盡所責。要記得自己平日所學並完全將之發揮出來。很多隊伍之所以輸球，原因就是隊員們不安分守己，脫離平日所練習的內容。要相信自己的隊友，也要相信他們一定會支援你。

◆不要讓任何人從你手中奪走這一刻。千萬不能讓群眾、報社、朋友、更不用說邁阿密「颶風」隊得逞。

◆享受比賽！好好品嚐此時此刻。因為將會有許多的年輕人，終其一生都在想

像：你們今晚在場上到底是什麼樣的感受？因此請好好享受這一切！千萬不要害怕勝利！

◆今晚就要像冠軍隊伍在進行球賽一樣！完全展現出冠軍的心態、思維、精神和態度。

在整個球季當中，我們不斷地說，究竟要怎麼做才會被人稱為偉大？又該付出何種的代價，才能成為偉大的個人或團體？這個世界上確實充滿著害怕成為偉大的人們！他們害怕成為冠軍，只是因為他們害怕自己想要擠身於冠軍之林所必須付出的努力和決心。

但是你們不是這種人！現在給我出去成為冠軍！活出最棒的自己！因為你就是最好的！

作者介紹

布萊爾．辛格

他所傳達的訊息很清楚。想要在商場中獲得財富與成功，你必須要擁有銷售的本事，以及教導別人如何從事銷售的能力。其次，想要打造一個成功的事業，你必須知道如何打造一支會排除萬難、百戰百勝的團隊。布萊爾．辛格藉著分享、應用這些關鍵因素，幫助全球許多公司和個人，成功地增加營收。

如果組織的領導擁有銷售能力，並能將榮辱與共、擔當責任及團隊精神融入企業文化之中，營收肯定突飛猛進；若反之，創業往往就只會以失敗收場。布萊爾輔導過成千上萬的個人與組織團體，並讓他們體驗前所未有的成長、高投資報酬率以及追求財務上的自由。

布萊爾是努力促進個人與公司學習與成長的講師、培訓師以及充滿活力的公眾演說家。他所採用的方式充滿能量、立即性及豐富的啟發性；他擁有一種特殊的能力，藉著具備高度衝擊性的手腕，讓一大群人和組織迅速修正過去的行為，並在極短的期間內再創績效的顛峰。布萊爾也是「富爸爸」顧問叢書系列當中，《富爸爸教你打造冠軍團隊》、《管好自己的小聲音》以及《富爸爸銷售狗：銷售 No.1 的銷售專家》

的作者；他一手建立並經營一家國際培訓公司，提供改變生命的各種成功策略，成功幫助許多人打造黃金團隊來增加營收。從一九八七年開始，他就持續地與個人和組織們，包括：財星前五百大公司、業務員、直銷人員以及中小企業老闆等合作，協助他們在業務、績效、生產力和現金流等方面，獲得巨大的成功與回饋。

布萊爾曾經是優利士公司頂尖的業務人員，之後也成為軟體、自動會計系統的頂尖業務人員，同時並著手創業，擁有一家航空貨運運輸公司以及培訓公司。過去三十年來，由他所舉辦的數千場公開或私人的課程，與課人數從三百到一萬人次都有。再者，因為行業的不同，由他所輔導的客戶們，通常在幾個月之內，於業務以及收入上都能獲得百分之三十四到百分之二百六十以上的成長。他的事業足跡遍布五大洲二十多個國家，就海外市場而言，他的工作比較集中於新加坡、香港、東南亞、澳洲以及整個泛太平洋地區。想更進一步了解布萊爾．辛格，請上 www.BlairSinger.com 網站；布萊爾．辛格台灣相關培訓課程請上 www.lingye.com.tw。

終極精英商學院 突破課程

創業家/企業主/主管

Elite Break-Through Seminar

課程費用NT$79,800｜不含食宿

公司業績忽高忽低、持平難以突破或是留不住人才，這是公司未建立高價值文化的後遺症。在策略面，我們提供世界最頂尖的行銷、銷售面的領導智慧

- 定位 Establish Position
- 系統 System
- 複製 Duplicate
- 行銷策略 Marketing Strategy
- 團隊運作 Teamwork
- 領導 Lead
- 銷售 Sales
- 時間管理 Time Management
- 價值觀 Value
- 建立文化 Establish Company's Culture

這麼多年不斷處理人的問題煩不煩？有產能嗎？經營者真正要做的關鍵點是什麼呢？

老闆哲學（一）

您了解冷水煮青蛙的哲理嗎？環境（溫度）在改變，而牠悠遊自在，一但感覺到痛（燙）就來不及了！

老闆哲學（二）

您可以用一堆不需要進修改變的理由催眠自己但外在的環境會等您嗎？

陳俊傑 床的世界 總經理 »

我上過這麼多老師的課，這三天課程下來，有很多話要感謝老師，這堂課給我太豐富太豐富的東西，讓我知道如何帶領一個團隊、一個組織、一個企業，是這麼簡單卻又這麼不簡單的事情，還沒上課之前我一直以爲只是三萬多塊的課程，但上完之後發現有三百萬的價值，有機會大家一定要來上這堂課，價值眞的超越你的想像，黃老師帶給我們太多靈魂，如果想把事業做到第一，就一定要來參加終極精英商學院!

陳冠霖 龍豪食品 總經理 »

因爲黃老師的故事「反正死不了!」和「做了有做的體驗，沒做有沒做的經驗」讓我變得更勇敢去嘗試很多新的挑戰，以前只是一直空喊口號，現在的我決心突破舒適圈，不做輕鬆的事而做困難的事。在疫情最嚴峻的時期，我們仍成功的把產品外銷到六個國家!在三個月內創造7000萬元的業績，去年一整年達到1.3億元的業績!透過「堅持X學習X行動」三大方程式改變命運、提升公司能量、帶領夥伴成長!

陳維祥 益祥金屬工業 總經理 »

曾經我負債2000萬元，現在成功扭轉逆境，創造倍數成長的業績，每月業績900萬元!以前抱持著「你來上班，我付給你薪水」的領導方式，因爲不懂溝通，所以遭遇瓶頸時公司損失重大。透過學習，我看見了自己的盲點，並與老婆攜手持續向前衝，承諾帶領公司走向百年企業，幫助夥伴成長豐盛富足。我非常感激苓業平台給予我學習的機會!這讓我的事業與家庭同時擁有、創造好的環境、有系統的架構、複製好的團隊、使我事業在這幾年翻倍成長。

苓業國際教育學院
LING YE INTERNATIONAL EDUCATION ACADEMY
www.lingyetraining.com

用善知識讓全世界豐盛富足
全亞洲第一家榮獲(非學校類)
ISO29990品質管理系統認證

一起找尋我們的學習旅程！
#一切從想要變得更好開始
#用善知識讓全世界豐盛富足

國家圖書館出版品預行編目資料

富爸爸教你打造冠軍團隊 / 布萊爾 · 辛格（Blair Singer）著；王立天譯
—初版—臺北市：苓業國際開發出版：日月文化發行，2015.03
192 面；16.7 × 23 公分 .--（視野；68）
譯自：Team Code of Honor: The Secrets of Champions in Business and in Life

ISBN 978-986-90612-1-6（平裝）
1. 組織管理 2. 領導 3. 職業倫理 4. 團隊精神

494.2　　103027076

富爸爸教你打造冠軍團隊

Team Code of Honor: The Secrets of Champions in Business and in Life

作　　者：布萊爾 · 辛格（Blair Singer）
譯　　者：王立天
責任編輯：吳韻如
封面設計：黃啟銘
內頁排版：健呈電腦排版股份有限公司
寶鼎行銷顧問：劉邦寧

出　　版：苓業國際開發有限公司
地　　址：新北市汐止區新台五路一段 93 號 17 樓之 9
電　　話：(02) 2378-0098
網　　址：www.lingye.com.tw

發 行 人：洪祺祥
副總經理：洪偉傑
副總編輯：王彥萍
法律顧問：建大法律事務所
財務顧問：高威會計師事務所
出　　版：日月文化出版股份有限公司
製　　作：寶鼎出版
地　　址：台北市信義路三段 151 號 8 樓
電　　話：(02)2708-5509 / 傳　　真：(02)2708-6157
客服信箱：service@heliopolis.com.tw
網　　址：www.heliopolis.com.tw
郵撥帳號：19716071 日月文化出版股份有限公司

總 經 銷：聯合發行股份有限公司
電　　話：(02)2917-8022 / 傳　　真：(02)2915-7212
製版印刷：軒承彩色印刷製版股份有限公司
初版一刷：2015 年 3 月
初版十刷：2023 年 10 月
定　　價：300 元
I S B N：978-986-90612-1-6

First Edition: September 2004
First RAD Press Edition: June 2012

日月文化集團
HELIOPOLIS
CULTURE GROUP
服務專線 02-2708-5509
服務傳真 02-2708-6157
服務信箱 service@heliopolis.com.tw

廣告回函
台灣北區郵政管理局登記證
北台字第 000370 號
免貼郵票

日月文化集團 讀者服務部 收

10658 台北市信義路三段151號8樓

www.ezbooks.com.tw

對折黏貼後，即可直接郵寄

- **日月文化集團之友．長期獨享購書 79 折**

（折扣後單筆購書金額未滿499元須加付郵資60元），並享有各項專屬活動及特殊優惠！

- **成為日月文化之友的兩個方法**

・完整填寫書後的讀友回函卡，傳真至02-2708-6157或郵寄（免付郵資）至日月文化集團讀者服務部收。

・登入日月文化網路書店www.ezbooks.com.tw完成加入會員。

- **直接購書的方法**

郵局劃撥帳號：19716071　戶名：日月文化出版股份有限公司
（請於劃撥單通訊欄註明姓名、地址、聯絡電話、電子郵件、購買明細即可）

大好書屋　寶鼎出版　山岳文化　EZ叢書館　EZKorea　EZTALK　EZJapan

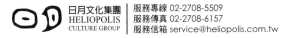

日月文化集團
HELIOPOLIS
CULTURE GROUP

感謝您購買 富爸爸教你打造冠軍團隊

為提供完整服務與快速資訊，請詳細填寫以下資料，傳真至02-2708-6157或免貼郵票寄回，我們將不定期提供您最新資訊及最新優惠。

1. 姓名：＿＿＿＿＿＿＿＿ 性別：□男 □女
2. 生日：＿＿年＿＿月＿＿日 職業：
3. 電話：（請務必填寫一種聯絡方式）
（日）＿＿＿＿（夜）＿＿＿＿（手機）＿＿＿＿
4. 地址：□□□＿＿＿＿＿＿＿＿
5. 電子信箱：＿＿＿＿＿＿＿＿
6. 您從何處購買此書？□＿＿＿＿縣/市＿＿＿＿書店/量販超商
□＿＿＿＿網路書店 □書展 □郵購 □其他
7. 您何時購買此書？ 年 月 日
8. 您購買此書的原因：（可複選）
□對書的主題有興趣 □作者 □出版社 □工作所需 □生活所需
□資訊豐富 □價格合理（若不合理，您覺得合理價格應為＿＿＿＿）
□封面/版面編排 □其他＿＿＿＿＿＿＿＿
9. 您從何處得知這本書的消息： □書店 □網路／電子報 □量販超商 □報紙
□雜誌 □廣播 □電視 □他人推薦 □其他
10. 您對本書的評價：（1.非常滿意 2.滿意 3.普通 4.不滿意 5.非常不滿意）
書名＿＿＿ 內容＿＿＿ 封面設計＿＿＿ 版面編排＿＿＿ 文/譯筆＿＿＿
11. 您通常以何種方式購書？□書店 □網路 □傳真訂購 □郵政劃撥 □其他
12. 您最喜歡在何處買書？
□＿＿＿＿縣/市＿＿＿＿書店/量販超商 □網路書店
13. 您希望我們未來出版何種主題的書？＿＿＿＿＿＿＿＿
14. 您認為本書還須改進的地方？提供我們的建議？

視野　起於前瞻，成於繼往知來

Find directions with a broader **VIEW**

寶鼎出版